机电产品数字化设计与仿真（NX MCD）

主　编　王美姣　杜书玲
副主编　杨亮华　杨　旭
参　编　李太祥　黄金磊

北京理工大学出版社
BEIJING INSTITUTE OF TECHNOLOGY PRESS

内 容 简 介

本书介绍基于西门子 NX12.0 机电一体化概念设计 MCD 模块，主要内容分为（1）机电一体化概念设计机电对象运动设置，以及过程控制，涵盖了基本机电对象、运动副、耦合副、传感器、运行时参数、运行时表达式、运行时行为、信号和仿真序列等的创建与应用；（2）虚拟调试技术，主要涉及虚拟调试系统软、硬件环境的搭建技术，以及通过 OPC 接口组件实现 NX MCD 虚拟设备与 PLC 信号连接的控制调试技术。

本书以典型机构循环彩球输送机为线，使之即源于产品设计实践又具有一定的体表性，力争体现"知一点，会一片"的写作思想。

本书可作为高等院校、高职院校机械制造及自动化、电气自动化技术、机电一体化技术机械设计与制造和等相关专业的教材或教学参考书，也可作为械制造及自动化、电气自动化技术、机电一体化技术、机械设计与制造等相关工作的工程技术人员的培训或自学用书。

图书在版编目（CIP）数据

机电产品数字化设计与仿真：NX MCD／王美姣，杜
书玲主编 . -- 北京 ：北京理工大学出版社，2022.7
ISBN 978 – 7 – 5763 – 1463 – 2

Ⅰ．①机… Ⅱ．①王… ②杜… Ⅲ．①机电设备—数字化—计算机辅助设计—高等学校—教材②机电设备—数字化—计算机仿真—高等学校—教材 Ⅳ．①TH122 – 39

中国版本图书馆 CIP 数据核字（2022）第 117591 号

出版发行／北京理工大学出版社有限责任公司
社　　址／北京市海淀区中关村南大街 5 号
邮　　编／100081
电　　话／（010）68914775（总编室）
　　　　　（010）82562903（教材售后服务热线）
　　　　　（010）68944723（其他图书服务热线）
网　　址／http://www.bitpress.com.cn
经　　销／全国各地新华书店
印　　刷／河北盛世彩捷印刷有限公司
开　　本／787 毫米×1092 毫米　1/16
印　　张／14　　　　　　　　　　　　　　　　责任编辑／孟祥雪
字　　数／326 千字　　　　　　　　　　　　　　文案编辑／孟祥雪
版　　次／2022 年 7 月第 1 版　2022 年 7 月第 1 次印刷　责任校对／周瑞红
定　　价／72.00 元　　　　　　　　　　　　　　责任印制／李志强

前　　言

　　本教材符合职业教育特点：①简单易学。采用实例教学模式，有针对性地给出详细的图文对照，使初学者轻松入门。②系统且实用。

　　本教材介绍了：①机电一体化概念设计机电对象运动设置，以及过程控制，涵盖了基本机电对象、运动副、耦合副、传感器、运行时参数、运行时表达式、运行时行为、信号和仿真序列等的创建与应用；②虚拟调试技术，主要涉及虚拟调试系统软、硬件环境的搭建技术，以及通过 OPC 接口组件实现 NX MCD 虚拟设备与 PLC 信号连接的控制调试技术。

　　教材以典型机构循环彩球输送机为线，使之既源于产品设计实践又具有一定的体表性，力争体现"知一点，会一片"的写作思想。

　　本教材的编写分工为：河南职业技术学院李太祥负责情景一，河南职业技术学院杨亮华负责情景二和情景三，河南职业技术学院杜书玲负责情景四和情景五，河南职业技术学院黄金磊负责情景六，中信重工机械股份有限公司杨旭负责全书审稿。

　　由于时间仓促，加之编者水平有限，本书难免存在的疏漏之处，恳请读者予以指正。

编　　者

目　录

学习情境一
基本机电对象设计

学习情境描述

  基本机电对象是 MCD 物理引擎的基础。在 MCD 平台中，几何体三维模型没有被赋予机电对象属性之前，它不具备质量、惯性、摩擦、碰撞等物理属性，只有在赋予基本机电对象特征之后才能进行物理属性的运动仿真。

学习目标

【知识目标】

1. 了解基本机电对象刚体、碰撞体、对象源、对象收集器的概念。
2. 理解刚体、碰撞体、对象源、对象收集器的各参数的含义。
3. 掌握定义刚体、碰撞体、对象源、对象收集器的各参数的方法。

【能力目标】

1. 能够对几何体定义刚体、碰撞体、对象源、对象收集器。
2. 能够对一个设备应用机电基本对象进行定义。

【素质目标】

1. 具备爱专研、懂变通、善于分析、大胆猜想的思想。
2. 养成安全、文明、规范的职业行为。

【思政目标】

1. 具备正确的政治信念、良好的职业道德与不断创新的科学观。
2. 培养合作共赢团队精神。
3. 培养敬业、精业的工匠精神。

任务书

在建好的彩球循环输送设备几何模型上，对各个机构进行机电基本对象定义，使几何模型具有物理属性。

 任务分组

学生任务分配表如表 1－1 所示。

表 1－1　学生任务分配表

班级		组号		指导老师	
组长		学号			
组员	姓名	学号	姓名	学号	
任务分工	姓名		负责工作		

获取资讯（课前自学）

引导问题 1：查看资料及打开软件 NX12.0，了解【机电概念设计】MCD 用户操作界面。了解【主页】工具栏中的分组名称。并把【机械】组、【电气】组和【自动化】组下的命令写到下面。

_____

_____

_____

_____

_____

_____

_____

引导问题2：本任务主要是设置彩球循环输送设备的物理属性，查阅资料了解机电基本对象都有哪些。

_____

_____

_____

_____

_____

_____

_____

_____

 工作计划(课中实训)

引导问题3：本任务是对彩球循环输送设备在给定的模型上进行分析，研究彩球循环输送设备由哪些机构构成，各机构的哪些部件需要定义机电基本对象。表格不够可自行附页。

部件名称\机构名称	部件1	部件2	部件3	部件4

引导问题 4：本任务涉及需要定义刚体和碰撞体的部件，请在表中填入部件名称。表格不够可自行附页。

部件名称	刚体	碰撞体	部件名称	刚体	碰撞体

进行决策（课中实训）

引导问题 5：分组讨论机电基本对象定义是否正确，把小组的讨论结果填写入下表。

部件名称	刚体	碰撞体	部件名称	刚体	碰撞体

续表

部件名称	刚体	碰撞体	部件名称	刚体	碰撞体

需要定义对象源部件名称：
需要定义对象收集器部件名称：

 工作实施（课中实训）

引导问题 6：如何分配各机构基本对象操作时间？在实施过程中遇到哪些问题？如何解决？

机构名称	预计时间	是否超时	问题	解决方法

上机操作

在文件彩球机总装_NX12 机电基本对象 . prt 上完成在 MCD 中机电基本对象的定义，使其具备物理属性。

课后思考与练习

理论题

1. 刚体有什么特性？请说出至少三个。
2. 如果两个刚体碰撞在一起，定义_____时物理引擎才会计算碰撞。
3. 对象收集器可以收集的物理属性是_____。
4. 利用_____在特定时间间隔创建多个属性完全相同的对象。

 小提示（知识链接）

NX MCD 用户
操作界面

一、NX12.0 MCD 用户界面

启动 NX12.0 后首先出现欢迎界面，然后进入 NX12.0 操作界面，在【应用模块】选项卡中选择【更多】组上的【机电概念设计】按钮，进入 MCD 用户操作界面，如图 1-1 所示。

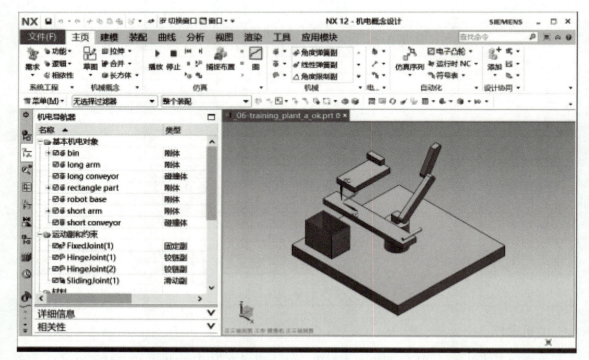

图 1-1　NX12.0 MCD 用户操作界面

NX12.0 MCD 基本界面主要由标题栏、菜单栏、图形区、提示栏、状态栏、Ribbon 功能区、坐标系图标和资源导航器等部分组成。

1. 标题栏

标题栏位于 NX12 用户界面的最上方，它显示软件的名称和当前部件文件的名称。如果对部件文件进行了修改，但没有保存，在后面还会显示"（修改的）"提示信息。

2. 菜单栏

菜单栏位于标题栏的下方，包括了该软件的主要功能，系统所有的命令和设置选项都归属于不同的菜单下，他们分别为文件、编辑、视图、插入、格式、工具、装配、信息、分析、首选项、窗口和帮助的菜单。

☑文件：实现文件管理，包括新建、打开、关闭、保存、另存为、保存管理、打印和打印机设置等功能。

☑编辑：实现编辑操作，包括撤销、重复、更新、剪切、复制、粘贴、特殊粘贴、删除、搜索、选择集、选择集修订版、链接和属性等功能。

☑视图：实现显示操作，包括工具栏、命令列表、几何图形、规格、子树、指南针、重置指南针、规格概述和几何概观等功能。

☑插入：实现图形绘制设计等功能，包括对象、几何体、几何图形集、草图编辑器、轴系统、线框、法则曲线、曲面、体积、操作、约束、高级曲面和展开的外形等功能。

☑工具：实现自定义工具栏，包括公式、图像、宏、实用程序、显示、隐藏、参数化分析等。

☑窗口：实现多个窗口管理，包括新窗口、水平平铺、垂直平铺和层叠等。

☑帮助：实现在线帮助。

3. 图形区

图形区是用户进行 3D、2D 设计的图形创建、编辑区域。

4. 提示栏

提示栏主要用于提示用户如何操作，是用户与计算机信息交互的主要窗口之一。在执行每个命令时，系统都会在提示栏中显示用户必须执行的动作，或者提示用户下一个动作。

5. 状态栏

状态栏位于提示栏的右方，显示有关当前选项的消息或最近完成的功能信息，这些信息不需要回应。

6. Ribbon 功能区

Ribbon 功能区是新的 Microsoft Office Fluent 用户界面（UI）的一部分。在仪表板设计器中，功能区包含一些用于创建、编辑和导出仪表板及其元素的上下文工具。它是一个收藏了命令按钮和图示的面板。它把命令组织成一组"标签"，每一组包含了相关的命令。每一个应用程序都有一个不同的标签组，展示了程序所提供的功能。在每个标签里，各种的相关的选项被组在一起。Windows Ribbon 是一个 Windows Vista 或 Windows 7 自带的 GUI 构架，外形更加华丽，但也存在一部分使用者不适应，抱怨无法找到想要的功能的情形。

7. 坐标系图标

在 UG NX10 的窗口左下角新增了绝对坐标系图标。在绘图区中央有一个坐标系图标，该坐标系称为工作坐标系 WCS，它反映了当前所使用的坐标系形式和坐标方向。

8. 资源导航器

资源导航器用于浏览编辑创建的草图、基准平面、特征和历史记录等。在默认的情况下，资源导航器位于窗口的左侧。通过选择资源导航器上的图标可以调用装配导航器、部件导航器、操作导航器、Internet、帮助和历史记录等。

二、机电基本对象

1. 刚体

刚体（Rigid Body）通常是指在运动中或受力作用后，形状和大小不变，而且内部各点相对位置不变的物体。

单击【主页】选项卡上的【机械】组中的【刚体】按钮，弹出【刚体】对话框，如图1-2所示。

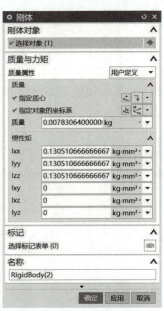

图1-2 【刚体】对话框

【刚体】对话框选项参数含义如表1－2所示。

表1－2　刚体参数

序号	参数	描述
1	对象	选择一个或者多个对象。所选择的对象将会生成一个刚体
2	质量属性	一般来说尽可能设置为"自动"。设置为"自动"后MCD将会根据几何信息自动计算质量 "用户自定义"需要用户按照需要手工输入相对应的参数
3	质心	选择一个点作为刚体的质心
4	指定对象的 CSYS	定义坐标系，此坐标系将作为计算惯性矩的依据
5	质量	作用在"质心"的质量。
6	惯性矩	定义惯性矩矩阵 $\begin{bmatrix} I_{xx} & I_{xy} & I_{xz} \\ I_{xy} & I_{yy} & I_{yz} \\ I_{xz} & I_{yz} & I_{zz} \end{bmatrix}$
7	初始平动速率	为刚体定义初始平动速度的大小 $\begin{bmatrix} v_x \\ v_y \\ v_z \end{bmatrix}$ 和方向
8	初始转动速度	为刚体定义初始转动速度的大小 $\begin{bmatrix} \omega_x \\ \omega_y \\ \omega_z \end{bmatrix}$ 和方向
9	名称	定义刚体的名称

2. 碰撞体

碰撞体（Collision Body）是物理组件的一类，它要与刚体一起添加到几何对象上才能触发碰撞。如果两个刚体相互撞在一起，除非两个对象都定义有碰撞体时物理引擎才会计算碰撞。在物理模拟中，没有碰撞体的刚体会彼此相互穿过。

单击【主页】选项卡上的【机械】组中的【碰撞体】按钮，弹出【碰撞体】对话框，如图1－3所示。

【碰撞体】对话框相关选项参数如表1－3所示。

图1－3 【碰撞体】对话框

表 1-3　碰撞体参数

序号	参数	描述
1	对象	选择一个或多个几何体。将会根据所选择的所有几何体计算碰撞形状
2	碰撞形状	碰撞形状的类型：方块、球、胶囊、凸多面体
3	形状属性	"自动"默认形状属性，自动计算碰撞形状 "用户自定义"要求用户输入自定义的参数
4	指定点	碰撞形状的几何中心点
5	指定 CSYS	为当前的碰撞形状指定 CSYS
6	碰撞形状尺寸	定义碰撞形状的尺寸。这些尺寸类型取决于碰撞形状的类型
7	碰撞材料	以下属性参数取决于材料：静摩擦力、动摩擦力、恢复
8	类别	只有定义了起作用类别中的两个或多个几何体才会发生碰撞。如果在一个场景中有很多个几何体，利用类别将会减少计算几何体是否会发生碰撞的时间
9	名称	定义碰撞体的名称

3. 对象源

对象源（Object Source）用于在特定时间间隔创建多个外表、属性相同的对象，特别适用于物料流案例中，可以模拟物料的连续产生。单击【主页】选项卡上的【机械】组中的【对象源】按钮 ，弹出【对象源】对话框，如图 1-4 所示。

图 1-4　【对象源】对话框

【对象源】对话框相关选项参数含义如表1-4所示。

表1-4　对象源参数

序号	参数	描述
1	对象	选择要复制的对象
2	触发	基于时间：在指定的时间间隔复制一次 每次激活时一次
3	时间间隔	设置时间间隔
4	起始偏置	设置多少秒之后开始复制对象
5	名称	定义对象源的名称

4. 对象收集器

对象收集器（Object Sink）与对象源作用相反，当对象源生成的对象与对象收集器发生碰撞时，消除这个对象。单击【主页】选项卡上的【机械】组中的【对象收集器】按钮，弹出【对象收集器】对话框，如图1-5所示。

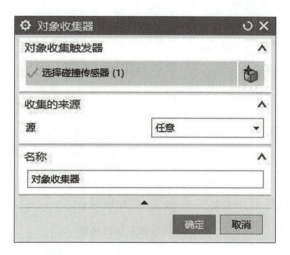

图1-5　【对象收集器】对话框

【对象收集器】对话框相关参数含义如表1-5所示。

表1-5　对象收集器参数

序号	参数	描述
1	碰撞传感器	选择一个碰撞传感器
2	产生器	任意：收集任何对象源生成的对象 仅选定的：只收集指定的对象源生成的对象
3	选择对象源	只有选定的对象源生成的对象可以被这个对象收集器删除
4	名称	定义对象源的名称

5. 对象变换器

对象变换器（Object Transformer）可以将一个刚体交换为另一个刚体，需要使用碰撞传感器触发对象变换。在仿真过程中变换刚体以更改质量、惯性特性和重复几何体的物理模型，比如使用对象变换器可以在装配线上的手动工作站上模拟零部件更改。

单击【主页】选项卡上的【机械】组中的【对象变换器】按钮 🔒，弹出【对象变换器】对话框，如图1–6所示。

图1–6　【对象变换器】对话框

【对象变换器】对话框相关参数含义如表1–6所示。

表1–6　对象变换器参数

序号	参数	描述
1	选择碰撞传感器	选择一个碰撞传感器，当检测到碰撞发生时开始启动变换
2	变换源	有"任意"和"仅选定的"两个选项： 任意：变换任何对象源生成的对象 仅选定的：只变换指定的对象源生成的对象 在该选项区域中还有"选择对象"选项，其含义是：只有选定的对象源生成的对象可以被这个对象变换器改变
3	变换为	选择变换之后的刚体
4	名称	定义对象变换器的名称

6. 操作案例

　　方块刚体碰撞高空落体项目式设计案例：图 1-7 所示为两个方块刚体，要求方块 1 停留在平板上，方块 2 沿着斜板下滑，另外通过改变方块 2 与斜板的碰撞类别练习碰撞体的穿越和碰撞效果。

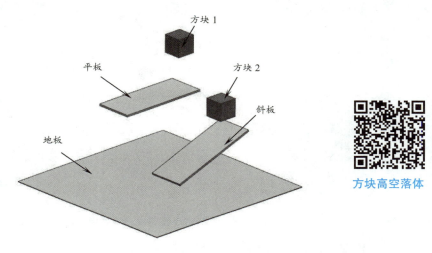

方块高空落体

图 1-7　方块碰撞

（1）方块刚体碰撞高空自由落体总体设计思路

　　根据 NX 机电概念设计对仿真模型创建刚体赋予实体质量等参数，然后赋予碰撞体属性，如图 1-8 所示。

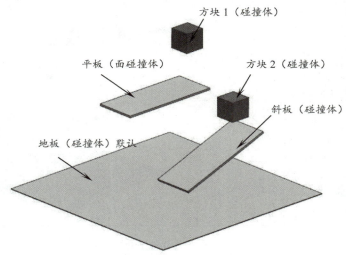

图 1-8　方块碰撞机电对象模型

（2）方块刚体碰撞高空自由落体设计流程

　　首先建立方块的刚体属性，然后建立方块和平面与斜面的碰撞体属性，最后通过修改碰撞体类别仿真方块自由落体时的碰撞效果，如图 1-9 所示。

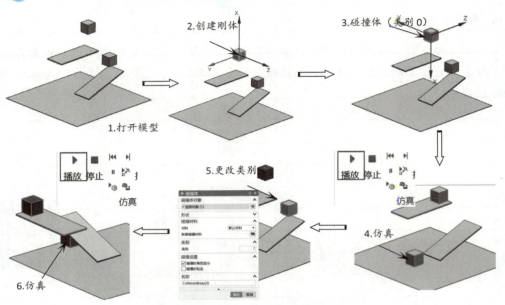

图 1-9　方块刚体碰撞自由落体设计过程

（3）方块刚体碰撞高空自由落体操作过程

1）启动机电概念设计。

Step1 启动 NX 后，在功能区中单击【主页】选项卡中【标准】组中的【打开】按钮

，弹出【打开】对话框，查找文件名为"方块高空落体. prt"，单击【OK】，打开模型文件，如图 1-10 所示。

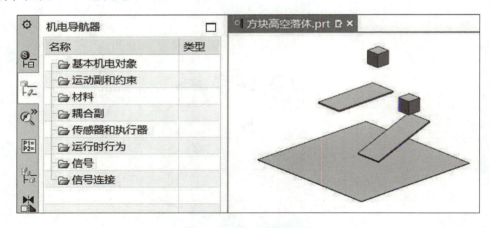

图 1-10　打开模型文件

2）创建刚体。

Step2 单击【主页】选项卡上的【机械】组中的【刚体】按钮 ，弹出【刚体】对话框，选择实体方块 1，【名称】修改为"方块 1"，如图 1-11 所示。

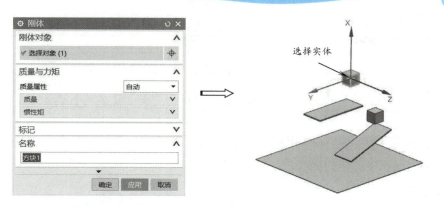

图 1－11　选择实体

Step3 单击【确定】按钮，在【机电导航器】窗口显示创建的刚体，如图 1－12 所示。

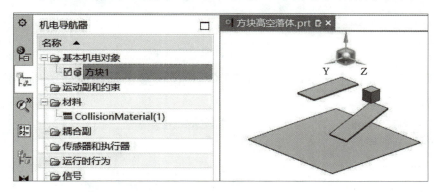

图 1－12　【机电导航器】窗口

Step4 同理，单击【主页】选项卡上的【机械】组中的【刚体】按钮 ，弹出【刚体】对话框，选择如图 1－13 所示的实体，【名称】修改为"方块 2"，单击【确定】按钮创建刚体。

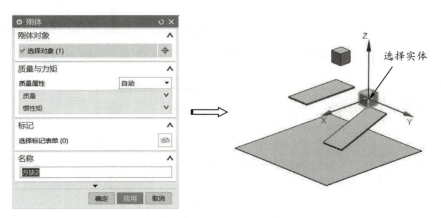

图 1－13　选择实体

3）类别为 0 的碰撞体。

①创建碰撞体。

Step5 单击【主页】选项卡上的【机械】组中的【碰撞体】按钮 ，弹出【碰撞体】对话框，选择如图 1-13 所示的实体，【类别】为"0"，【名称】为默认，如图 1-14 所示。

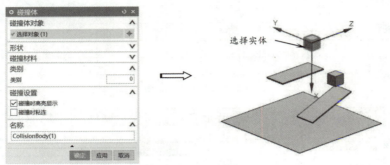

图 1-14　选择碰撞体实体

Step6 单击【确定】按钮，在【机电导航器】窗口显示创建的碰撞体，如图 1-15 所示。

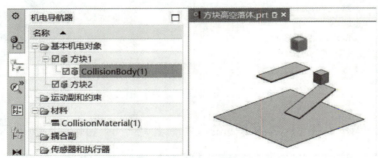

图 1-15　创建碰撞体

Step7 同理，单击【主页】选项卡上的【机械】组中的【碰撞体】按钮 ，创建另一个刚体的碰撞体。在【机电导航器】窗口显示创建的碰撞体，如图 1-16 所示。

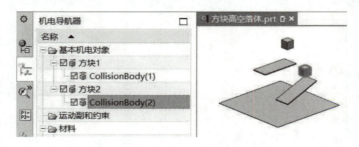

图 1-16　创建碰撞体

Step8 单击【主页】选项卡上的【机械】组中的【碰撞体】按钮，弹出【碰撞体】对话框，选择如图 1-16 所示的面，【类别】为 "0"，【名称】修改为 "平板"，如图 1-17 所示。

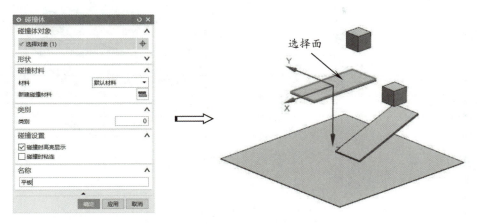

图 1-17 选择面创建碰撞体

Step9 单击【主页】选项卡上的【机械】组中的【碰撞体】按钮，弹出【碰撞体】对话框，选择如图 1-18 所示的面，【类别】为 "0"，【名称】为默认，如图 1-17 所示。

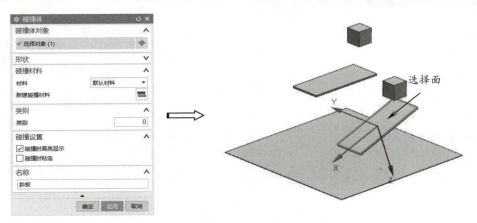

图 1-18 选择面创建碰撞体

Step10 单击【主页】选项卡上的【机械】组中的【碰撞体】按钮，弹出【碰撞体】对话框，选择如图 1-19 所示的面，【类别】为 "0"，【名称】为默认，如图 1-20 所示。

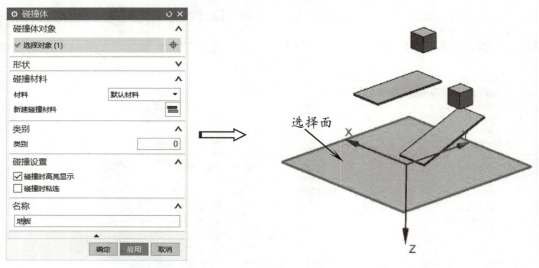

图 1-19　选择面创建碰撞体

Step11 单击【碰撞材料】选项中的【新建碰撞材料】按钮 ，弹出【碰撞材料】对话框，【动摩擦】为 0.1，如图 1-19 所示，单击【确定】按钮完成。

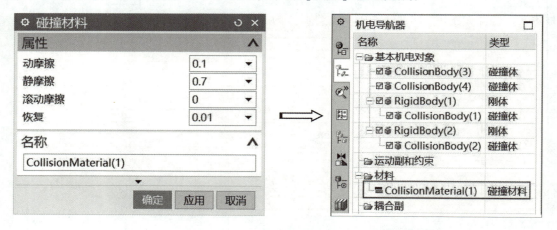

图 1-20　修改碰撞材料

②仿真播放。

Step12 单击【主页】选项卡上的【仿真】组中的【播放】按钮 ，在图形区显示运动过程仿真，刚体在重力作用下自由落体，如图 1-21 所示。

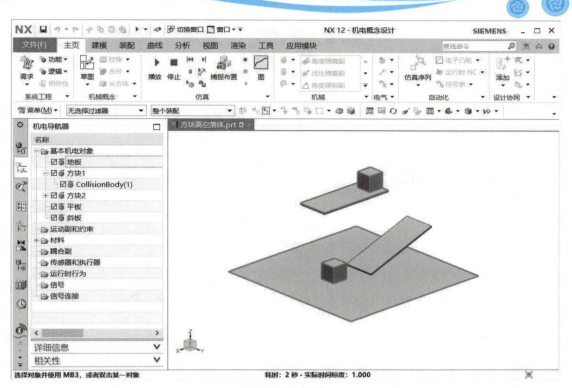

图 1 – 21 播放

技术要点：左侧方块与平板发生碰撞，停留在平板上；右侧方块落到斜面平板上，并沿着平板下滑到地板上。

4）类别不相同时的碰撞体。

①修改碰撞体类别。

Step13 在【机电导航器】窗口中双击【CollisionBody（2）】节点，弹出【碰撞体】对话框，修改【类别】为"7"，单击【确定】按钮，如图 1 – 22 所示。

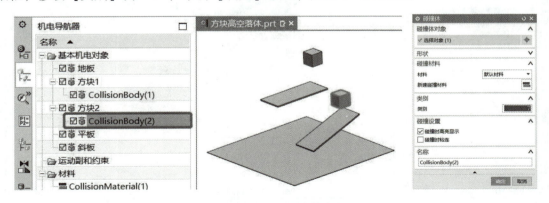

图 1 – 22 修改碰撞体类别

Step14 在【机电导航器】窗口中双击【斜板】节点，弹出【碰撞体】对话框，修改【类别】为"5"，单击【确定】按钮，如图 1 – 23 所示。

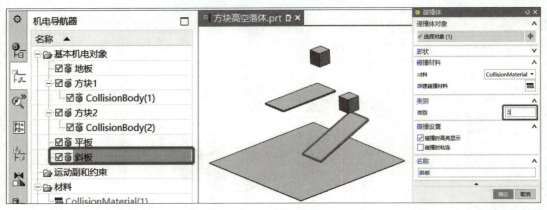

图 1 – 23 修改碰撞体类别

②仿真播放。

Step15 单击【主页】选项卡上的【仿真】组中的【播放】按钮 ▶，在图形区显示运动过程仿真，刚体在重力作用下自由落体，如图 1 – 24 所示。

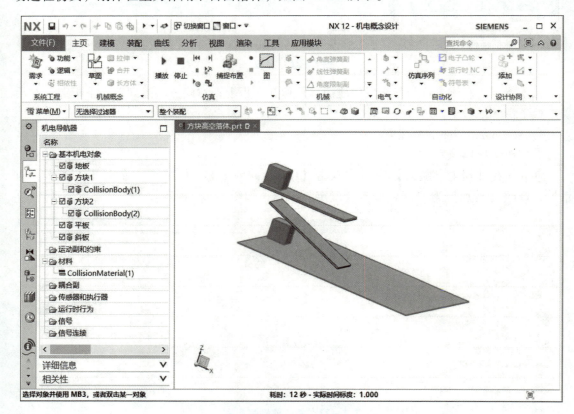

图 1 – 24 播放仿真

技术要点：左侧方块（类别为 0）与平板发生碰撞，停留在平板**上**；右侧方块（类别 7）与斜面平面（类别 5）不发生碰撞，直接碰撞到地板上。

评价反馈

个人自评打分表、小组自评打分表、教师评价表分别如表 1－7～表 1－9 所示。

表 1－7 个人自评打分表

班级		组名		日期	年 月 日
评价指标	评价内容			分数	分数评定
概念理解	能否准确描述：刚体、碰撞体、对象源和对象收集器			10 分	
操作实践	是否完成以下工作： 1. 刚体是否定义完整 2. 碰撞体是否定义完整 3. 对象源和对象收集器是否定义			10 分	
参与态度	积极主动参与工作；与教师、同学之间是否相互尊重、理解、平等；与教师、同学之间是否能够保持多向、丰富、适宜的信息交流			10 分	
	探究式学习、自主学习不流于形式，处理好合作学习和独立思考的关系，做到有效学习；能提出有意义的问题或能发表个人见解；能按要求正确操作；能够倾听别人意见、协作共享			10 分	
学习方法	学习方法得体，有工作计划；操作技能是否符合规范要求；是否能按要求正确操作；是否获得了进一步学习的能力			10 分	
工作过程	平时上课的出勤情况和每天完成工种任务情况；善于多角度分析问题，能主动发现、提出有价值的问题			15 分	
思维态度	是否能发现问题、提出问题、分析问题、解决问题、创新问题			10 分	
自评反馈	按时按质完成工作任务；较好地掌握了专业知识点；具有较强的问题分析能力和理解能力；具有较为全面严谨的思维能力并能条理清楚明晰表达成文			25 分	
个人自评分数					
有益的经验和做法					
总结反馈建议					

表 1－8　小组自评打分表

班级		组名		日期	年　月　日
评价指标	评价内容			分数	分数评定
概念理解	能否准确描述：刚体、碰撞体、对象源和对象收集器			10 分	
操作实践	是否完成以下工作： 1. 刚体是否定义完整 2. 碰撞体是否定义完整 3. 对象源和对象收集器是否定义			10 分	
参与态度	积极主动参与工作；与教师、同学之间是否相互尊重、理解、平等；与教师、同学之间是否能够保持多向、丰富、适宜的信息交流			10 分	
	探究式学习、自主学习不流于形式，处理好合作学习和独立思考的关系，做到有效学习；能提出有意义的问题或能发表个人见解；能按要求正确操作；能够倾听别人意见、协作共享			10 分	
学习方法	学习方法得体，有工作计划；操作技能是否符合规范要求；是否能按要求正确操作；是否获得了进一步学习的能力			10 分	
工作过程	平时上课的出勤情况和每天完成工种任务情况；善于多角度分析问题，能主动发现、提出有价值的问题			15 分	
思维态度	是否能发现问题、提出问题、分析问题、解决问题、创新问题			10 分	
自评反馈	按时按质完成工作任务；较好地掌握了专业知识点；具有较强的问题分析能力和理解能力；具有较为全面严谨的思维能力并能条理清楚明晰表达成文			25 分	
小组自评分数					
有益的经验和做法					
总结反馈建议					

表 1 – 9　教师评价表

班级		组名		姓名	
出勤情况					
评价内容	评价要点	考察要点		分数	分数评定
1. 任务描述、接受任务	口述内容细节	1. 表述仪态自然、吐字清晰		5 分	
		2. 表达思路清晰、层次分明、准确			
2. 任务分析、分组情况	依据引导分析任务分组分工	1. 分析任务关键点准确		5 分	
		2. 涉及概念知识回顾完整，分组分工明确			
3. 制订计划	刚体定义	对哪些部件进行刚体定义		10 分	
	碰撞体定义	对哪些部件进行碰撞体定义		10 分	
	对象源和对象收集器定义	根据设备运行要求判断是否需要定义对象源和对象收集器		5 分	
4. 计划实施	操作前准备	1. 前置场景文件是否准备充分		10 分	
		2. 任务分工表是否填写完整			
	操作实践	3. 操作步骤是否填写完整			
		1. 刚体定义完整		15 分	
	现场恢复	2. 碰撞体定义完整		15 分	
		1. 软件程序是否退出、电脑主机及显示器是否关机		3 分	
		2. 桌椅、图书、鼠标键盘恢复整理		2 分	
5. 成果检验	操作完成程度	1. 是否完成刚体定义		5 分	
		2. 能否完成碰撞体定义			
		3. 能否实现预期的物理属性			
6. 总结	任务总结	1. 依据自评分数		2 分	
		2. 依据互评分数		3 分	
		3. 依据个人总结评分报告		10 分	
合　　计				100 分	

参考操作

活塞顶升机构 –
机电对象定义

一、彩球机 – 活塞顶升机构机电基本对象定义

基本机电对象主要是为活塞顶升机构创建刚体、碰撞体、对象源、对象收集器等。在该机构中，需要定义刚体、碰撞体和对象源。

为活塞顶升机构中需要定义为刚体的几何对象创建刚体，质量属性为"自动"，名称自拟。如图 1－25 ~ 图 1－28 所示，进行彩球、活塞、连杆 1 和连杆 2 刚体的定义。

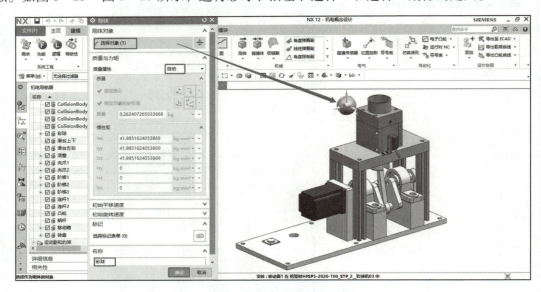

图 1－25　彩球刚体定义

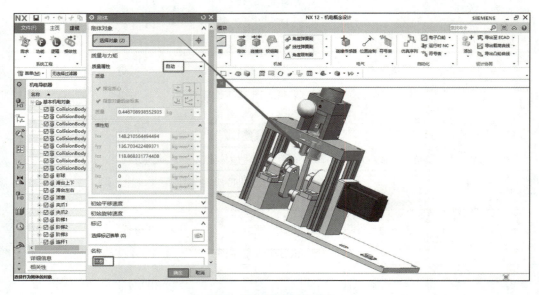

图 1－26　活塞刚体定义

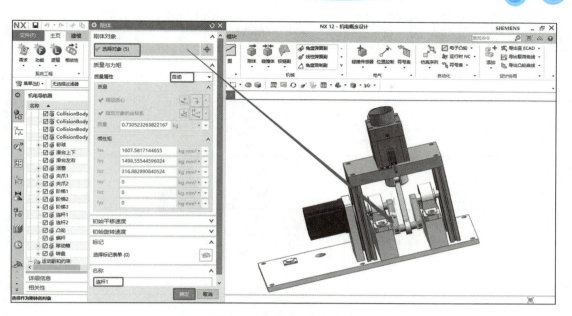

图 1-27 连杆 1 刚体定义

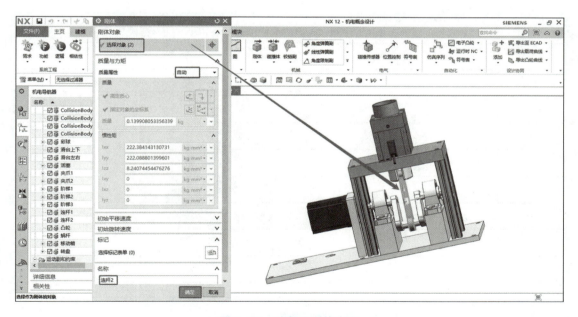

图 1-28 连杆 2 刚体定义

为各几何对象需要相互接触碰撞的定义碰撞体。如图 1-29~图 1-31 所示，进行彩球、接触面与活塞面上碰撞体的定义。

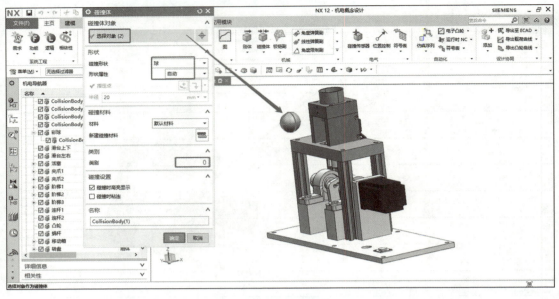

图1-29　彩球碰撞体定义

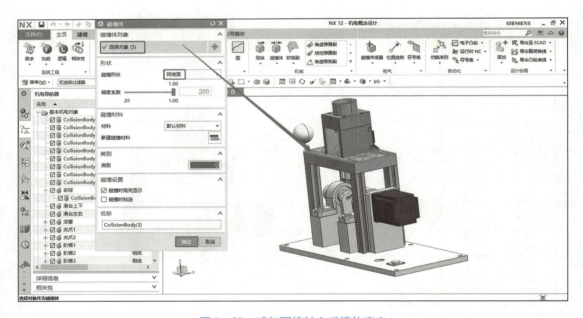

图1-30　球与面接触上碰撞体定义

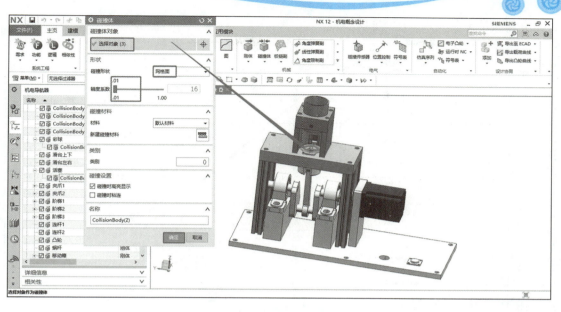

图 1 – 31 活塞面上碰撞体定义

定义彩球为对象源。彩球对象源的定义如图 1 – 32 所示。

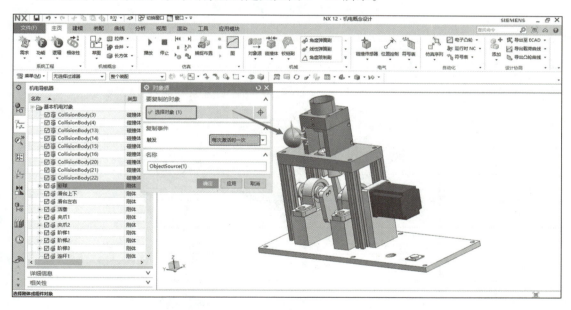

图 1 – 32 彩球对象源定义

二、彩球机—三轴气缸机械手机电基本对象定义

基本机电对象主要是为三轴气缸机械手创建刚体、碰撞体、对象源、对象收集器等。在该机构中，需要定义刚体和碰撞体。

为三轴气缸机械手中需要定义为刚体的几何对象创建刚体，质量属性为"自动"，名称自拟。图 1 – 33 ~ 图 1 – 36 所示为滑台左右、滑

三轴气缸机械手 – 机电对象定义

27

台上下、夹爪 1 和夹爪 2 刚体的定义。

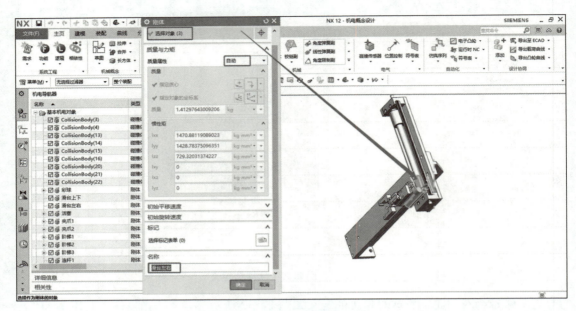

图 1-33　滑台左右刚体定义

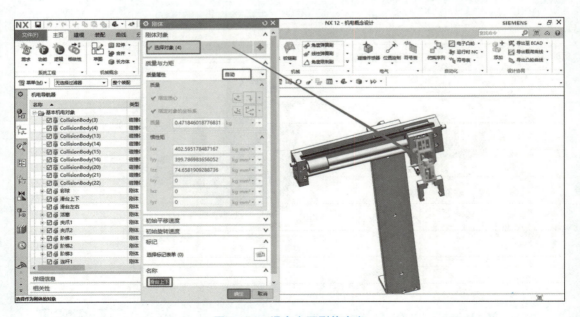

图 1-34　滑台上下刚体定义

图 1 - 35　夹爪 1 刚体定义

图 1 - 36　夹爪 2 刚体定义

　　为各几何对象需要相互接触碰撞的定义碰撞体。夹爪 1 处碰撞体的定义（夹爪 2 同）如图 1 - 37 所示。

图 1-37　夹爪 1 碰撞体定义

三、彩球机-机械凸轮机构机电基本对象定义

基本机电对象主要是为机械凸轮机构创建刚体、碰撞体、对象源、对象收集器等。在该机构中，需要定义刚体和碰撞体。

凸轮机构—机电对象定义

为机械凸轮机构中需要定义为刚体的几何对象创建刚体，质量属性为"自动"，名称自拟。图 1-38 和图 1-39 所示为阶梯 1（阶梯 2、阶梯 3 同）和凸轮刚体的定义。

图 1-38　阶梯 1 刚体定义

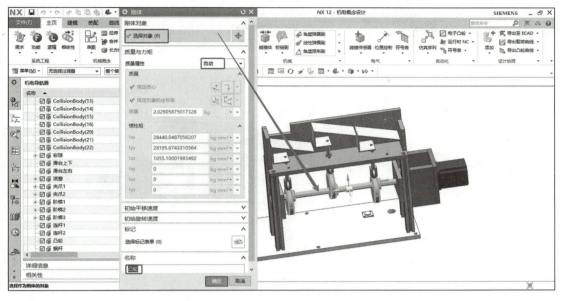

图1-39 凸轮刚体定义

为各几何对象需要相互接触碰撞的定义碰撞体。图1-40和图1-41所示为导向盘处碰撞体（其余同）、周边面碰撞体（其余同）的定义。

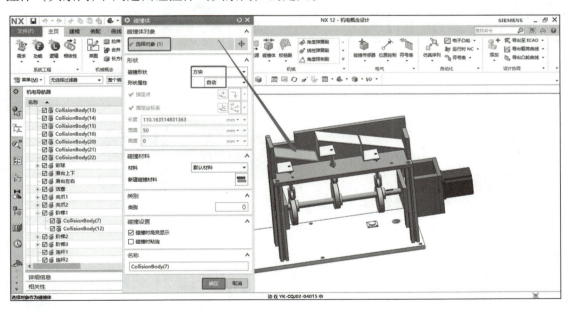

图1-40 导向盘碰撞体定义

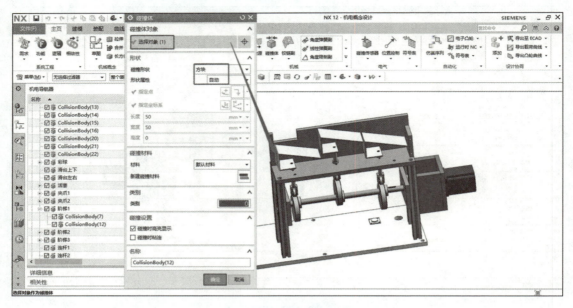

图1-40　导向盘碰撞体定义（续）

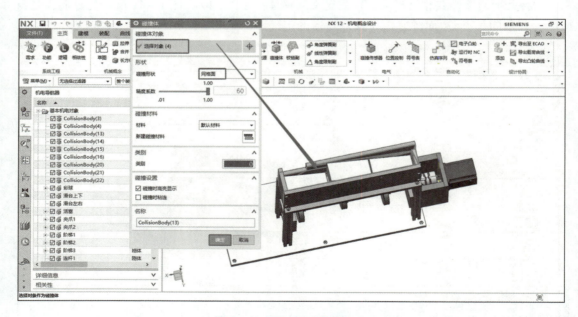

图1-41　周边面碰撞体定义

四、彩球机－传送带机构机电基本对象定义

基本机电对象主要是为传送带机构创建刚体、碰撞体、对象源、对象收集器等。在该机构中，需要定义碰撞体。为传送带表面及其周边面

传送带机构－
机电对象定义

添加碰撞体。如图 1 - 42 和图 1 - 43 所示。

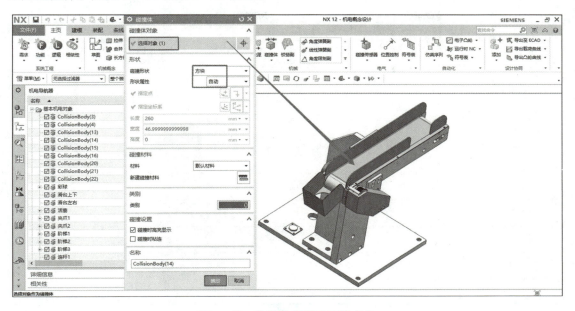

图 1 - 42 传送带表面碰撞体定义

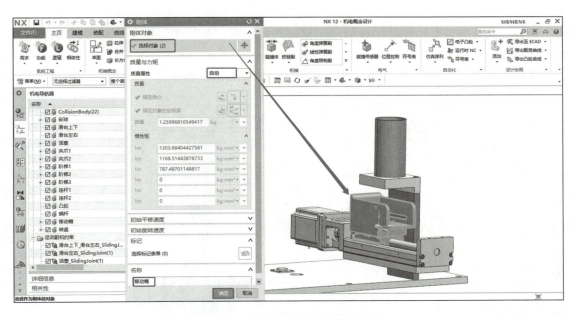

图 1 - 43 传送带周边面碰撞体定义

五、彩球机 - 丝杆送料机构机电基本对象定义

基本机电对象主要是为丝杆送料机构创建刚体、碰撞体、对象源、对象收集器等。在该机构中，需要定义刚体和碰撞体。

为丝杆送料机构中需要定义为刚体的几何对象创建刚体，质量属性为

丝杠机构 - 机电
对象定义

"自动"，名称自拟。图 1 - 44 所示为移动箱刚体的定义。

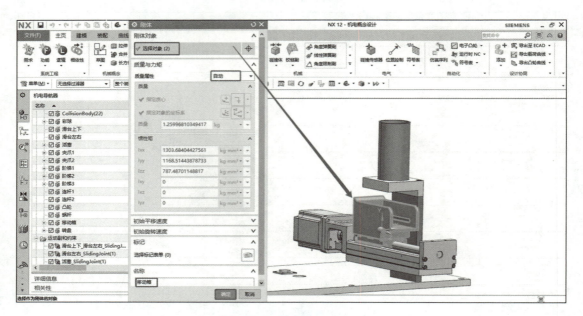

图 1 - 44　移动箱刚体定义

为各几何对象需要相互接触碰撞的定义碰撞体。在该机构中，需要为移动箱各个内表面、漏桶内壁和拦截面（挡住彩球，避免掉出）添加碰撞体，图 1 - 45 ~ 图 1 - 47 所示为移动箱底面碰撞体（其余面同）、漏桶内壁碰撞体和拦截面碰撞体定义。

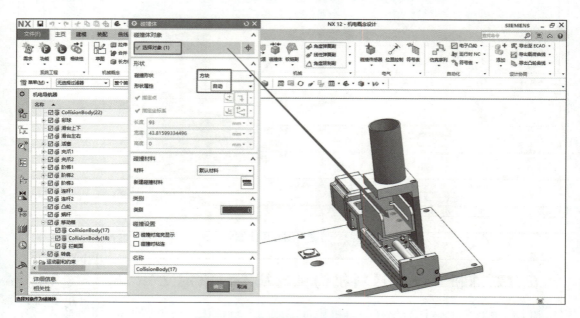

图 1 - 45　移动箱内底面碰撞体定义

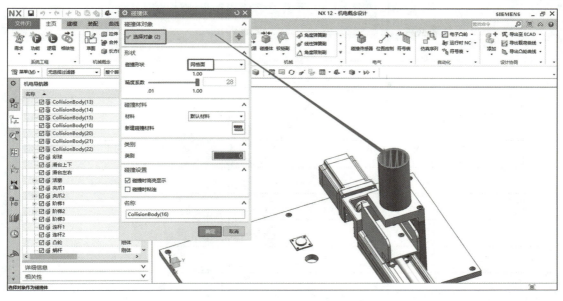

图1-46 漏桶内壁碰撞体定义

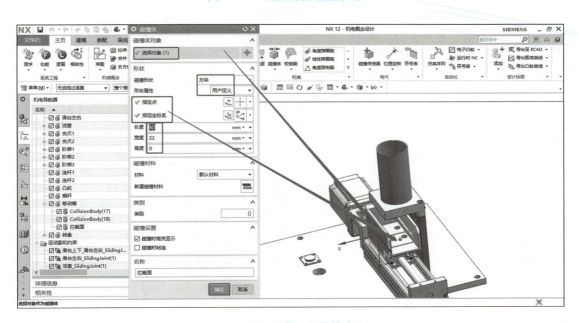

图1-47 拦截面碰撞体定义

六、彩球机-转盘送料机构机电基本对象定义

基本机电对象主要是为转盘送料机构创建刚体、碰撞体、对象源、对象收集器等。在该机构中，需要定义刚体和碰撞体。

为转盘送料机构中需要定义为刚体的几何对象创建刚体，质量属性为

转盘机构-机电
对象定义

"自动"，名称自拟。图 1-48 和图 1-49 所示为蜗杆和转盘刚体的定义。

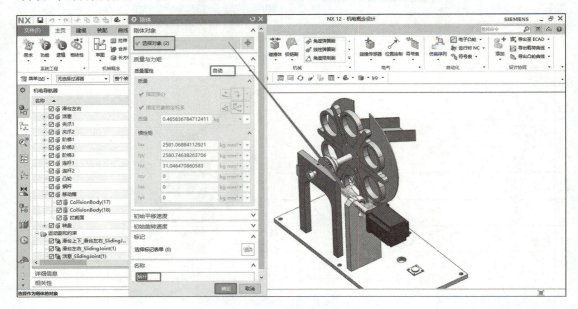

图 1-48　蜗杆刚体定义

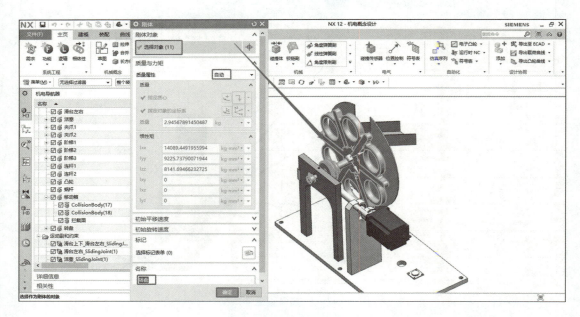

图 1-49　转盘刚体定义

为各几何对象需要相互接触碰撞的定义碰撞体。在该机构中，需要为转盘孔内壁、滑槽底面（其余面同）和挡板添加碰撞体，图 1-50～和图 1-52 所示为转盘孔内壁碰撞体、滑槽底面碰撞体（其余面同）和挡板碰撞体定义。

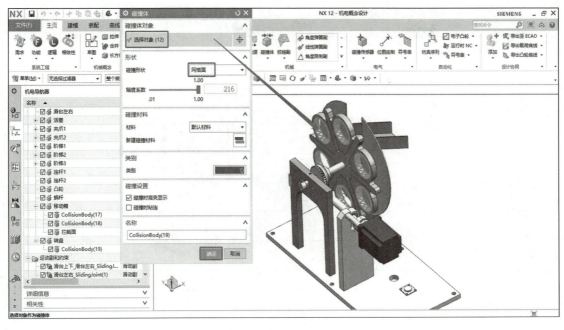

图 1-50 转盘孔内壁碰撞体定义

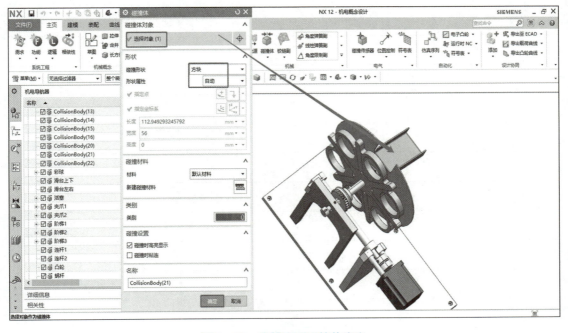

图 1-51 滑槽底面碰撞体定义

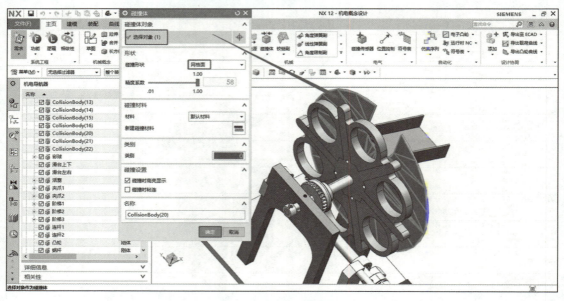

图 1-52   挡板碰撞体定义

学习情境二
基本运动副和耦合副

学习情境描述

机电概念设计 MCD 中的运动副（Joint）定义了对象的运动方式，包括固定副、铰链副、滑动副、柱面副、球副、螺旋副、平面副、点在线上副、线在线上副等。耦合副（Coupler）定义了各个运动副之间的运动传递关系，运动副的速度可以通过耦合副来传递，包括齿轮副、齿轮齿条、机械凸轮副、电子凸轮等。

学习目标

【知识目标】

1. 通过旋转臂转动运动案例掌握固定副和铰链副的使用。
2. 通过双面夹紧机构案例掌握滑动副和齿轮副的使用。
3. 通过曲柄活塞机构案例掌握滑动副和铰链副的使用。
4. 通过机器臂分拣项案例掌握位置控制和速度控制的使用。

【能力目标】

1. 能够完成对应机构设备相关运动副和耦合副的定义。
2. 能够通过动画仿真对应机构设备的运行。

【素质目标】

1. 具备爱专研、懂变通、善于分析、大胆猜想的思想。
2. 养成安全、文明、规范的职业行为。

【思政目标】

1. 具备正确的政治信念、良好的职业道德与不断创新的科学观。
2. 培养合作共赢团队精神。
3. 培养敬业、精业的工匠精神。

任务书

根据4个运动案例，结合上一课题学到的刚体、传输面和对象源的使用方法，完成4个机构的仿真序列（控制逻辑）编写，通过仿真序列控制掌握基本运动副和耦合副的使用。

 任务分组

学生任务分配表如表2-1所示。

表2-1 学生任务分配表

班级		组号		指导老师	
组长		学号			
组员	姓名	学号		姓名	学号
任务分工	姓名	负责工作			

 获取资讯（课前自学）

引导问题1：本任务的目标是实现4种机构的运动仿真，查阅资料了解并说明常见运动机构有哪些方式。

_____

_____

_____

_____

_____

_____

_____

 工作计划（课中实训）

引导问题2：本任务的内容都包含哪些？制作各部分的计划表。

内容　　　进度	运动副	仿真
	计划完成时间/min	计划完成时间/min

引导问题3：本任务在仿真软件里都需要创建哪些类型的机构？

机构名称	机构类型	机构作用	所属分组

 进行决策（课中实训）

引导问题4：分组讨论应该建立哪些类型的运动副和耦合副。

刚体名称	运动副类型	运动副作用	实现目地

 工作实施（课中实训）

引导问题5：操作实施步骤如何？各阶段时间分配情况如何？在实施过程中遇到哪些问题，如何解决？

实施步骤	预计时间	是否超时	问题	解决方法

操作题

在文件上完成4种机构设备仿真动画的编写，通过仿真动画控制对应机构设备的运行。

小提示（知识链接）

运动副（Joint）定义了对象的运动方式，包括固定副、铰链副、滑动副、球副、柱面副、螺旋副、点在线上副和齿轮副等。耦合副（Coupler）定义了各个运动副之间的运动传递关系，运动副的速度可以通过耦合副来传递，包括齿轮副（Gear）、齿轮齿条（0）、机械凸轮副（Mechanical Cam）和电子凸轮（Electronic Cam）等。下面仅介绍常用的运动副和耦合副。

1. 固定副

固定副（Fixed Joint）是将一个构件固定到另一个构件上，固定副所有自由度均被约束，自由度个数为零。固定副用在以下场合：将刚体固定到一个固定的位置，比如引擎中的大地（基本件为空）；将两个刚体固定在一起，此时两个刚体将一起运动。

单击【主页】选项卡上的【机械】组中的【固定副】按钮 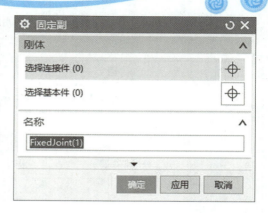，弹出【固定副】对话框，如图 2 - 1 所示。

固定副参数如表 2 - 2 所示。

图 2 - 1 【固定副】对话框

表 2 - 2　固定副参数

序号	参数	描述
1	连接件	选择需要添加铰链约束的刚体
2	基本件	选择与连接件连接的另一刚体
3	名称	定义固定副的名称

2. 铰链副

铰链副（Hinge Joint）是用来连接两个刚体并绕某一轴线做相对转动的运动副，铰链副具有一个旋转自由度，不允许在两个构建的任何方向上有平移运动。

单击【主页】选项卡上的【机械】组中的【铰链副】按钮 ，弹出【铰链副】对话框，如图 2 - 2 所示。

图 2 - 2 【铰链副】对话框

【铰链副】对话框相关选项参数含义如表2-3所示。

表2-3　铰链副参数

序号	参数	描述
1	连接件	选择需要添加铰链约束的刚体
2	基本件	选择与连接件连接的另一刚体
3	轴矢量	指定旋转轴
4	锚点	指定旋转轴锚点
5	起始角	在模拟仿真还没有开始之前，连接件相对于基本件的角度
6	名称	定义铰链副的名称

3. 滑动副

滑动副（Sliding Joint）是指组成运动副的两个构件之间只能按照某一方向做相对移动，滑动副具有一个平移自由度。

单击【主页】选项卡上的【机械】组中的【滑动副】按钮，弹出【滑动副】对话框，如图2-3所示。

滑动副参数如表2-4所示。

图2-3　【滑动副】对话框

表 2 – 4　滑动副参数

序号	参数	描述
1	连接件	选择需要添加铰链约束的刚体
2	基本件	选择与连接件连接的另一刚体
3	轴矢量	指定线性运动的轴矢量
4	偏置	在模拟仿真还没有开始之前，连接件相对于基本件的位置
5	名称	定义滑动副的名称

4. 球副

球副（Ball Joint）是组成运动副的两构件能绕一球心做三个独立的相对转动的运动副。球副具有三个旋转自由度。

单击【主页】选项卡上的【机械】组中的【球副】按钮 ，弹出【球副】对话框，如图 2 – 4 所示。

球副参数如表 2 – 5 所示。

图 2 – 4　【球副】对话框

45

表 2-5　球副参数

序号	参数	描述
1	连接件	选择需要添加铰链约束的刚体
2	基本件	选择与连接件连接的另一刚体
3	锚点	指定旋转轴锚点
4	名称	定义球副的名称

5. 柱面副

柱面副（Cylindrical Joint）是指在两个构件之间创建柱面副，柱面副具有两个自由度：一个旋转自由度，一个平移自由度。柱面副上的两个对象，可以按照柱面副定义的矢量轴做旋转或者平移。

单击【主页】选项卡上的【机械】组中的【柱面副】按钮，弹出【柱面副】对话框，如图 2-5 所示。

柱面副如表 2-6 所示。

图 2-5　【柱面副】对话框

表 2-6　柱面副参数

	参数	描述
1	连接件	选择需要添加柱面副约束的刚体
2	基本件	选择与连接件连接的另一刚体
3	轴矢量	指定旋转轴
4	锚点	指定旋转轴锚点
5	起始角	在模拟仿真还没有开始之前，连接件相对于基本件的角度
6	偏置	在模拟仿真还没有开始之前，连接件相对于基本件的位置
7	限制	"线性"指线性运动的位置范围；"角度"指旋转运动的运动范围
8	名称	定义柱面副的名称

6. 螺旋副

螺旋副（Screw Joint）用于按照设定速度和螺距沿螺旋线方向运动的运动副，运动为绕轴旋转和沿轴移动，一般螺旋副多用于丝杠的仿真。

单击【主页】选项卡上的【机械】组中的【螺旋副】按钮 ，弹出【螺旋副】对话框，如图 2-6 所示。

螺旋副参数如表 2-7 所示。

图 2-6　【螺旋副】对话框

表2-7　螺旋副参数

序号	参数	描述
1	连接件	选择需要添加螺旋副约束的刚体
2	基本件	选择与连接件连接的另一刚体
3	轴矢量	指定旋转轴的方向
4	锚点	指定旋转轴锚点
5	螺距	指定螺旋副单圈轴向移动距离
6	名称	定义螺旋副的名称

7. 点在线上副

点在线上副（Point on Curve Joint）是指刚体以曲线上一点作为参考，并沿着这条曲线进行运动。

单击【主页】选项卡上的【机械】组中的【点在线上副】按钮 ，弹出【点在线上副】对话框，如图2-7所示。

点在线上副参数如表2-8所示。

图2-7　【点在线上副】对话框

表2-8　点在线上副参数

序号	参数	描述
1	连接件	选择需要添加点在线上副约束的刚体
2	选择曲线或代理对象	选择约束曲线
3	指定零点位置	指定点在线上副约束点位置
4	名称	定义点在线上副的名称

8. 齿轮副

齿轮副（Gear）是指两个相啮合的齿轮组成的基本机构，能够传递运动和动力。

单击【主页】选项卡上的【机械】组中的【齿轮】按钮 ，弹出【齿轮】对话框，如图 2 – 8 所示。

齿轮副参数如表 2 – 9 所示。

图 2 – 8　【齿轮】对话框

表 2 – 9　齿轮副参数

序号	参数	描述
1	主对象	选择一个轴运动副
2	从对象	选择一个轴运动副。注：从对象选择的运动副类型必须和主对象一致
3	约束	定义齿轮传动比：$\dfrac{主倍数}{从倍数}$
4	滑动	齿轮副允许轻微的滑动，比如：带传动
5	名称	定义齿轮的名称

评价反馈

个人自评打分表、小组自评打分表、小组间互评表、教师评价表如表 2 – 10 ～ 表 2 – 13 所示。

表 2 – 10　个人自评打分表

班级		组名		日期	年　月　日
评价指标	评价内容			分数	分数评定
概念理解	能否准确描述： 1. 运动副的类型和作用 2. 运动副和耦合副的差别			10 分	
操作实践	是否完成以下工作： 机构相关的刚体的命名和定义，碰撞体是否合理、运动副是否有遗漏、位置和速度控制是否存在错误			10 分	
参与态度	积极主动参与工作；与教师、同学之间是否相互尊重、理解、平等；与教师、同学之间是否能够保持多向、丰富、适宜的信息交流			10 分	
	探究式学习、自主学习不流于形式，处理好合作学习和独立思考的关系，做到有效学习；能提出有意义的问题或能发表个人见解；能按要求正确操作；能够倾听别人意见、协作共享			10 分	
学习方法	学习方法得体，有工作计划；操作技能是否符合规范要求；是否能按要求正确操作；是否获得了进一步学习的能力			10 分	
工作过程	平时上课的出勤情况和每天完成工种任务情况；善于多角度分析问题，能主动发现、提出有价值的问题			15 分	
思维态度	是否能发现问题、提出问题、分析问题、解决问题、创新问题			10 分	
自评反馈	按时按质完成工作任务；较好地掌握了专业知识点；具有较强的问题分析能力和理解能力；具有较为全面严谨的思维能力并能条理清楚明晰表达成文			25 分	
个人自评分数					
有益的经验和做法					
总结反馈建议					

表 2 – 11　小组自评打分表

班级		组名		日期	年　月　日
评价指标	评价内容			分数	分数评定
概念理解	能否准确描述： 1. 运动副的类型和作用 2. 运动副和耦合副的差别			10 分	
操作实践	是否完成以下工作： 机构相关的刚体的命名和定义，碰撞体是否合理、运动副是否有遗漏、位置和速度控制是否存在错误			10 分	
参与态度	积极主动参与工作；与教师、同学之间是否相互尊重、理解、平等；与教师、同学之间是否能够保持多向、丰富、适宜的信息交流			10 分	
	探究式学习、自主学习不流于形式，处理好合作学习和独立思考的关系，做到有效学习；能提出有意义的问题或能发表个人见解；能按要求正确操作；能够倾听别人意见、协作共享			10 分	
学习方法	学习方法得体，有工作计划；操作技能是否符合规范要求；是否能按要求正确操作；是否获得了进一步学习的能力			10 分	
工作过程	平时上课的出勤情况和每天完成工种任务情况；善于多角度分析问题，能主动发现、提出有价值的问题			15 分	
思维态度	是否能发现问题、提出问题、分析问题、解决问题、创新问题			10 分	
自评反馈	按时按质完成工作任务；较好地掌握了专业知识点；具有较强的问题分析能力和理解能力；具有较为全面严谨的思维能力并能条理清楚明晰表达成文			25 分	
小组自评分数					
有益的经验和做法					
总结反馈建议					

表 2－12　小组间互评表

班级		组名		日期	年　　月　　日
评价指标	评价内容			分数	分数评定
概念理解	该组能有效利用网络、图书资源、工作手册、软件帮助文档查找有用的相关信息等			5分	
	该组能用自己的语言有条理地去解释、表述所学知识			5分	
	该组能将查到的信息有效地传递到工作中			5分	
操作实践	该组准备和讨论工作是否充分，是否熟悉操作步骤			5分	
	小组成员的任务分工及参与度情况			5分	
	该组成员在工作中是否能获得满足感			5分	
参与态度	该组与教师、同学之间是否相互尊重、理解、平等，与教师、同学之间是否能够保持多向、丰富、适宜的信息交流			10分	
	该组能否处理好合作学习和独立思考的关系，做到有效学习			5分	
	该组能提出有意义的问题或能发表个人见解；能按要求正确操作；能够倾听别人意见、协作共享			5分	
	该组能否积极参与，在软件操作实践过程中不断学习，综合运用信息技术的能力得到提高			5分	
学习方法	该组的工作计划、操作技能是否符合现场管理要求			5分	
	该组是否获得了进一步发展的能力			5分	
工作过程	该组遵守管理规程，操作过程符合现场管理要求			5分	
	该组平时上课的出勤情况和每天完成工作任务情况			5分	
	该组成员是否实现了预期的操作结果，并善于多角度分析问题，能主动发现、提出有价值的问题			10分	
思维态度	该组是否能发现问题、提出问题、分析问题、解决问题、创新问题			5分	
自评反馈	该组是否能严肃认真地对待自评，并能独立完成自测试题			10分	
互评分数					
简要评述					

表 2 – 13 教师评价表

班级		组名		姓名	
出勤情况					
评价内容	评价要点	考察要点		分数	分数评定
1. 任务描述、接受任务	口述内容细节	1. 表述仪态自然、吐字清晰		5 分	
		2. 表达思路清晰、层次分明、准确			
2. 任务分析、分组情况	依据引导分析任务分组分工	1. 分析任务关键点准确		5 分	
		2. 涉及概念知识回顾完整，分组分工明确			
3. 制订计划	运动副的命名及定义	运动副规则、运动副类型、运动副命名、运动副分组		5 分	
	速度和位置控制的定义及连接	速度和位置控制定义、速度和位置控制的命名、运动副与速度和位置控制连接		10 分	
4. 计划实施	操作前准备	1. 前置场景文件是否准备充分（需要在完成场景三的基础上开展工作）		10 分	
		2. 任务分工表是否填写完整			
		3. 操作步骤是否填写完整			
	操作实践	1. 正确创建、命名运动副		10 分	
		2. 正确创建、命名耦合副		10 分	
		3. 机构运动合理，能正确控制位置和速度运行		20 分	
	现场恢复	1. 软件程序是否退出、电脑主机及显示器是否关机		3 分	
		2. 桌椅、图书、鼠标键盘恢复整理		2 分	
5. 成果检验	操作完成程度	1. 能否实现预期的运行结果		5 分	
		2. 信号的命名、定义、分组			
		3. 序列的命名、定义、分组			
6. 总结	任务总结	1. 依据自评分数		2 分	
		2. 依据互评分数		3 分	
		3. 依据个人总结评分报告		10 分	
合 计				100 分	

参考操作

一、旋转臂转动运动副操作过程

1. 启动机电概念设计

启动 NX 后，在功能区中单击【主页】选项卡中【标准】组中的【打开】按钮，在弹出【打开】对话框中选择光盘文件，如图 2-9 所示。

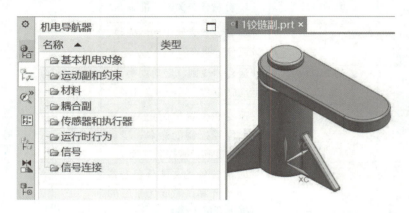

图 2-9　打开模型文件

2. 创建刚体

单击【主页】选项卡上的【机械】组中的【刚体】按钮，弹出【刚体】对话框，选择如图 2-10 所示的实体，【名称】为"摇臂"，单击【确定】按钮，在【机电导航器】窗口显示创建的刚体，如图 2-10 所示。

图 2-10　创建刚体

单击【主页】选项卡上的【机械】组中的【刚体】按钮 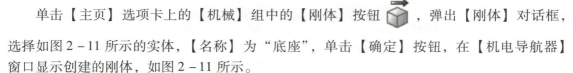，弹出【刚体】对话框，选择如图 2 – 11 所示的实体，【名称】为"底座"，单击【确定】按钮，在【机电导航器】窗口显示创建的刚体，如图 2 – 11 所示。

图 2 – 11　创建刚体

3. 创建运动副

（1）创建固定副

单击【主页】选项卡上的【机械】组中的【固定副】按钮 ，弹出【固定副】对话框，选择如图 2 – 12 所示的刚体，单击【确定】按钮，创建固定副，如图 2 – 12 所示。

图 2 – 12　创建固定副

（2）创建铰链副

单击【主页】选项卡上的【机械】组中的【铰链副】按钮 ，弹出【铰链副】对话框，如图 2 – 13 所示。

图 2-13 【铰链副】对话框

选择如图 2-14 所示的基本件和连接件，选择平面作为轴矢量方向，选择圆心作为锚点。

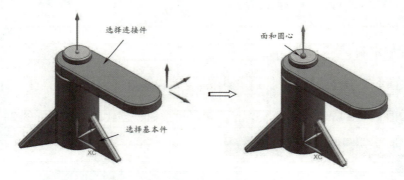

图 2-14 选择对象

单击【确定】按钮，在【机电导航器】窗口中的【运动副和约束】中显示创建的铰链副，如图 2-15 所示。

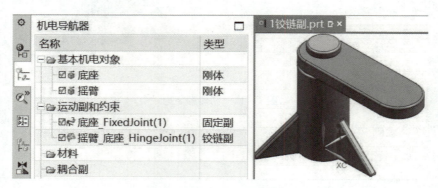

图 2-15 显示创建铰链副

4. 创建速度控制

单击【主页】选项卡上的【电气】组中的【速度控制】按钮 ，弹出【速度控制】对话框，如图 2 - 16 所示，选择如图 2 - 16 所示的旋转副，【速度】为 30 rad/s，单击【确定】按钮完成。

图 2 - 16 施加速度控制

5. 仿真播放

单击【主页】选项卡上的【仿真】组中的【播放】按钮 ，在图形区显示运动过程仿真，悬臂绕旋转轴以 30 rad/s 速度旋转，如图 2 - 17 所示。

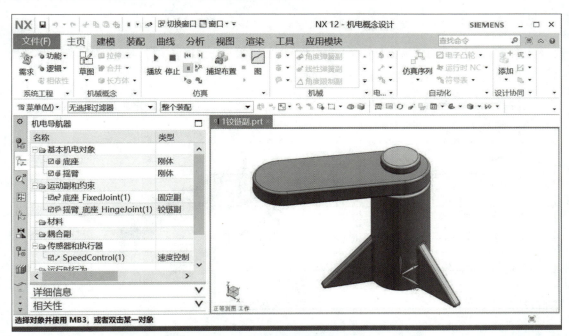

图 2 - 17 仿真播放

二、双面夹紧机构齿轮副操作过程

1. 启动机电概念设计

启动 NX 后，在功能区中单击【主页】选项卡中【标准】组中的【打开】按钮，在弹出【打开】对话框中选择光盘文件，如图 2-18 所示。

2-2 双面夹紧
机构.mp4

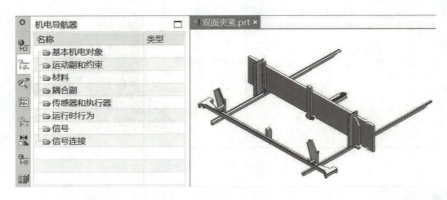

图 2-18　打开模型文件

2. 创建刚体

单击【主页】选项卡上的【机械】组中的【刚体】按钮，弹出【刚体】对话框，选择如图 2-19 所示的实体，【名称】为"左夹紧臂"，单击【确定】按钮，在【机电导航器】窗口显示创建的刚体，如图 2-19 所示。

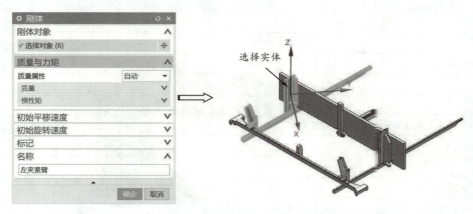

图 2-19　创建刚体

单击【主页】选项卡上的【机械】组中的【刚体】按钮，弹出【刚体】对话框，选择如图2-20所示的实体，【名称】为"右夹紧臂"，单击【确定】按钮，在【机电导航器】窗口显示创建的刚体，如图2-20所示。

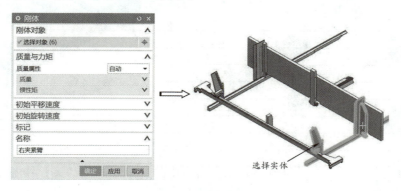

图2-20 创建刚体

3. 创建运动副

（1）创建滑动副

单击【主页】选项卡上的【机械】组中的【滑动副】按钮，弹出【滑动副】对话框，如图2-21所示。

图2-21 【滑动副】对话框

选择如图2-22所示的连接件，选择如图2-22所示的方向作为轴矢量方向。

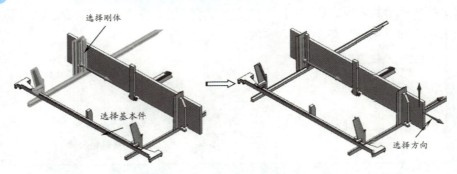

图2-22　选择对象和轴矢量方向

单击【确定】按钮，在【机电导航器】窗口中的【运动副和约束】中显示创建的滑动副，如图2-23所示。

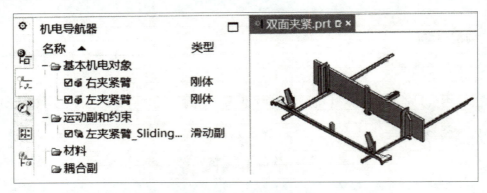

图2-23　显示创建滑动副

同理创建另一侧右夹紧臂滑动副，如图2-24所示。

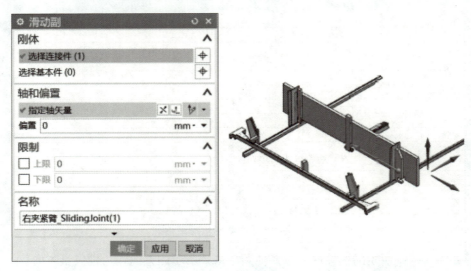

图2-24　创建右夹紧臂滑动副

（2）创建齿轮副

单击【主页】选项卡上的【机械】组中的【齿轮】按钮 ，弹出【齿轮】对话框，【主倍数】为"1"，【从倍数】为"1"，如图2-25所示。

图2-25　【齿轮】对话框

选择主对象和从对象分别为如图2-26所示的滑动副。

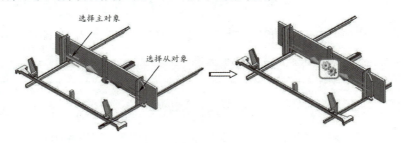

图2-26　选择对象

单击【确定】按钮，在【机电导航器】窗口中的【运动副和约束】中显示创建的滑动副，如图2-27所示。

图2-27　显示创建滑动副

4. 创建位置控制

单击【主页】选项卡上的【电气】组中的【位置控制】按钮，弹出【位置控制】对话框，选择如图 2 – 28 所示的滑动副，【目标】为 300 mm，【速度】为 50 mm/s，单击【确定】按钮完成，如图 2 – 28 所示。

图 2 – 28　施加位置控制

5. 仿真播放

单击【主页】选项卡上的【仿真】组中的【播放】按钮，在图形区显示运动过程仿真，悬臂绕旋转轴以 30 rad/s 速度旋转，如图 2 – 29 所示。

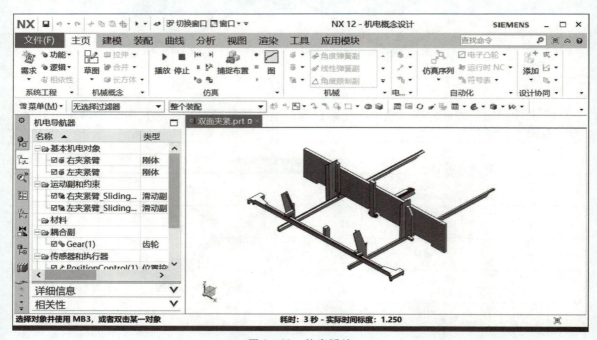

图 2 – 29　仿真播放

三、曲柄活塞机构运动副操作过程

1. 打开模型进入机电概念设计模块

2－3 曲柄活塞
机构.mp4

启动 NX 后，在功能区中单击【主页】选项卡中【标准】组中的【打开】按钮，在弹出【打开】对话框中选择光盘文件，进入建模环境，如图 2－30 所示。

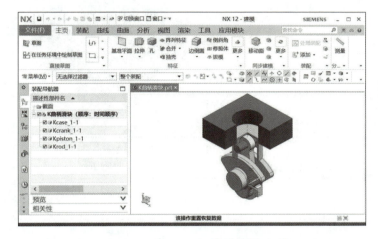

图 2－30　【新建】对话框

单击【应用模块】选项卡上的【更多】下的【机电概念设计】按钮，进入机电概念设计环境，如图 2－31 所示。

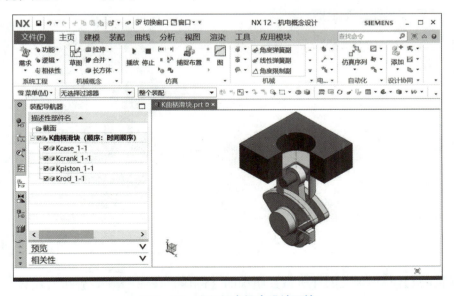

图 2－31　进入机电概念设计环境

63

2. 创建刚体

单击【主页】选项卡上的【机械】组中的【刚体】按钮 ，弹出【刚体】对话框，选择如图2-32所示的实体，【名称】为"曲柄"，单击【确定】按钮，在【机电导航器】窗口显示创建的刚体，如图2-32所示。

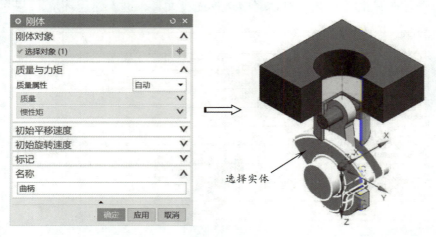

图2-32　创建刚体

单击【主页】选项卡上的【机械】组中的【刚体】按钮 ，弹出【刚体】对话框，选择如图2-33所示的实体，【名称】为"连杆"，单击【确定】按钮，在【机电导航器】窗口显示创建的刚体，如图2-33所示。

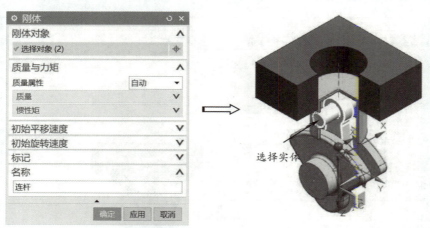

图2-33　创建刚体

单击【主页】选项卡上的【机械】组中的【刚体】按钮 ，弹出【刚体】对话框，选择如图2-34所示的实体，【名称】为"活塞杆"，单击【确定】按钮，在【机电导航器】窗口显示创建的刚体，如图2－34所示。

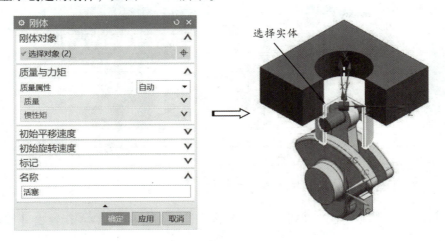

图2－34　创建刚体

3. 创建运动副

（1）创建铰链副

单击【主页】选项卡上的【机械】组中的【铰链副】按钮 ，弹出【铰链副】对话框，如图2－35所示。

图2－35　【铰链副】对话框

选择如图2－36所示的连接件，选择平面作为轴矢量方向，选择圆心作为锚点，单击【确定】按钮创建铰链副。

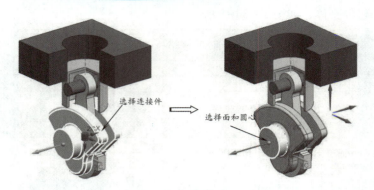

图2-36 选择连接件和矢量

单击【主页】选项卡上的【机械】组中的【铰链副】按钮，弹出【铰链副】对话框，如图2-37所示。

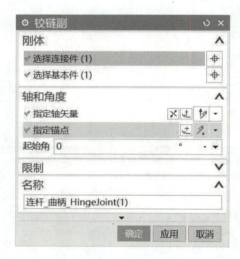

图2-37 【铰链副】对话框

选择如图2-38所示的连接件，选择平面作为轴矢量方向，选择圆心作为锚点，单击【确定】按钮创建铰链副。

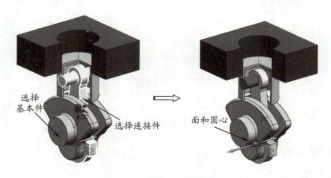

图2-38 选择连接件和矢量

单击【主页】选项卡上的【机械】组中的【铰链副】按钮 ，弹出【铰链副】对话框，如图 2 – 39 所示。

图 2 – 39 【铰链副】对话框

选择如图 2 – 40 所示的连接件，选择平面作为轴矢量方向，选择圆心作为锚点，单击【确定】按钮创建铰链副。

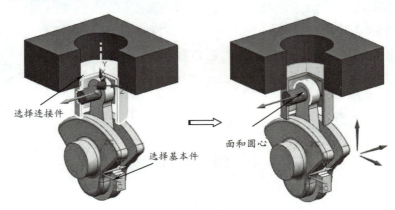

图 2 – 40 选择连接件和矢量

（2）创建滑动副

单击【主页】选项卡上的【机械】组中的【滑动副】按钮 ，弹出【滑动副】对话框，如图 2 – 41 所示。

图 2-41　【滑动副】对话框

选择如图 2-42 所示的连接件，选择如图 2-42 所示的方向作为轴矢量方向。

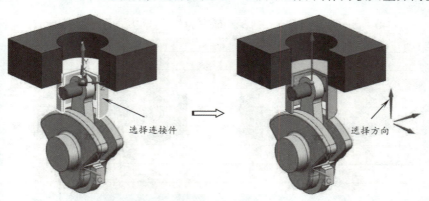

图 2-42　选择对象和轴矢量方向

4. 创建速度控制

单击【主页】选项卡上的【电气】组中的【速度控制】按钮 ，弹出【速度控制】对话框，选择如图 2-43 所示的旋转副，【速度】为 30 rad/s，单击【确定】按钮完成，如图 2-43 所示。

图 2 - 43　速度控制

5. 仿真播放

单击【主页】选项卡上的【仿真】组中的【播放】按钮 ▶ ，在图形区显示运动过程仿真，曲柄绕旋转轴以 30 rad/s 速度旋转，如图 2 - 44 所示。

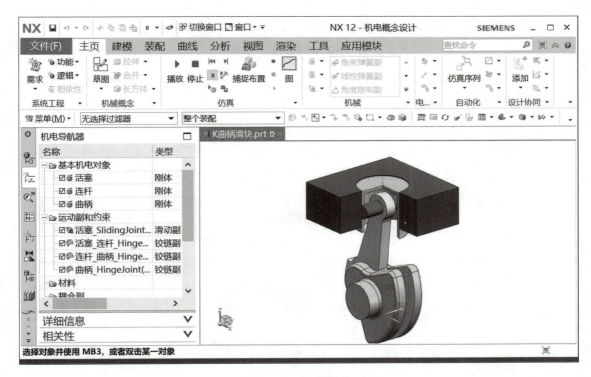

图 2 - 44　仿真播放

四、机器臂分拣机构运动副操作过程

1. 打开模型进入机电概念设计模块

启动 NX 后，在功能区中单击【主页】选项卡中【标准】组中的【打开】按钮，在弹出【打开】对话框中选择光盘文件，进入建模环境，如图 2 - 45 所示。

2 - 4 机器臂分拣机构 . mp4

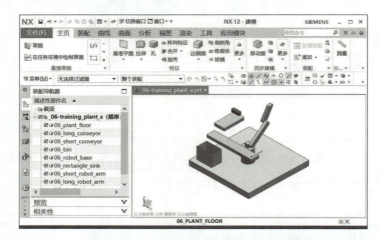

图 2 - 45 【新建】对话框

单击【应用模块】选项卡上的【更多】下的【机电概念设计】按钮，进入机电概念设计环境，如图 2 - 46 所示。

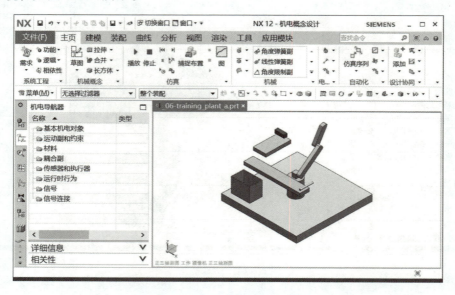

图 2 - 46 进入机电概念设计环境

2. 创建刚体

单击【主页】选项卡上的【机械】组中的【刚体】按钮 ，弹出【刚体】对话框，选择如图 2-47 所示的实体，【名称】为"收集箱"，单击【确定】按钮，在【机电导航器】窗口显示创建的刚体，如图 2-47 所示。

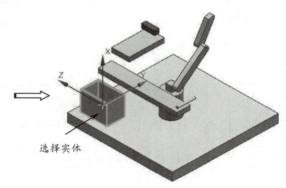

图 2-47 创建刚体

单击【主页】选项卡上的【机械】组中的【刚体】按钮，弹出【刚体】对话框，选择如图 2-48 所示的实体，【名称】为"长臂"，单击【确定】按钮，在【机电导航器】窗口显示创建的刚体，如图 2-48 所示。

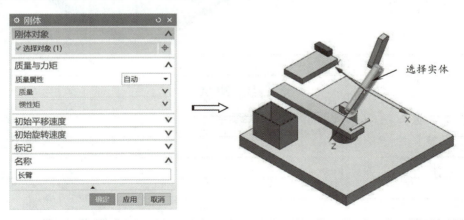

图 2-48 创建刚体

单击【主页】选项卡上的【机械】组中的【刚体】按钮，弹出【刚体】对话框，选择如图 2-49 所示的实体，【名称】为"工件"，单击【确定】按钮，在【机电导航器】窗口显示创建的刚体，如图 2-49 所示。

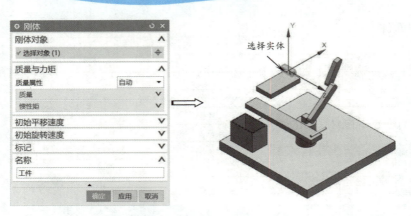

图 2-49　创建刚体

单击【主页】选项卡上的【机械】组中的【刚体】按钮 ，弹出【刚体】对话框，选择如图 2-50 所示的实体，【名称】为"机器臂座"，单击【确定】按钮，在【机电导航器】窗口显示创建的刚体，如图 2-50 所示。

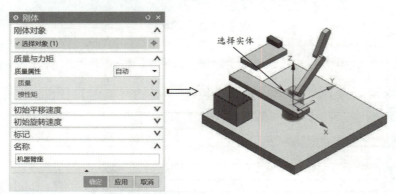

图 2-50　创建刚体

单击【主页】选项卡上的【机械】组中的【刚体】按钮 ，弹出【刚体】对话框，选择如图 2-51 所示的实体，【名称】为"短臂"，单击【确定】按钮，在【机电导航器】窗口显示创建的刚体，如图 2-51所示。

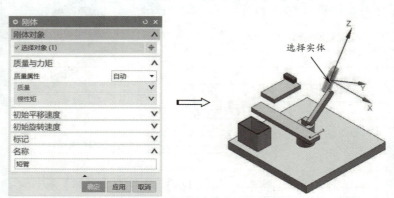

图 2-51　创建刚体

3. 创建碰撞体

单击【主页】选项卡上的【机械】组中的【碰撞体】按钮 ，弹出【碰撞体】对话框，选择如图 2 - 52 所示的面，【碰撞形状】为"方块"，【类别】为"0"，【名称】为默认，单击【确定】按钮，如图 2 - 52 所示。

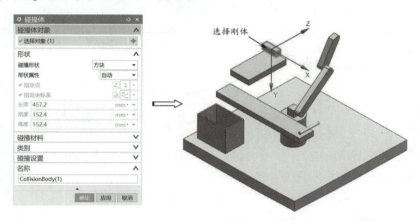

图 2 - 52　创建碰撞体

单击【主页】选项卡上的【机械】组中的【碰撞体】按钮 ，弹出【碰撞体】对话框，选择如图 2 - 53 所示的面，【碰撞形状】为"方块"，【类别】为"0"，【名称】为默认，单击【确定】按钮，如图 2 - 53 所示。

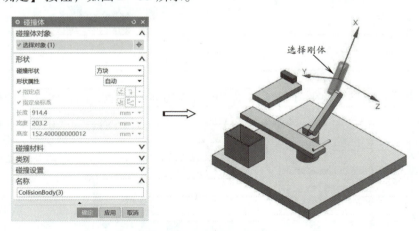

图 2 - 53　创建碰撞体

单击【主页】选项卡上的【机械】组中的【碰撞体】按钮 ，弹出【碰撞体】对话框，选择如图 2 - 54 所示的面，【碰撞形状】为"方块"，【类别】为"0"，【名称】为默认，单击【确定】按钮，如图 2 - 54 所示。

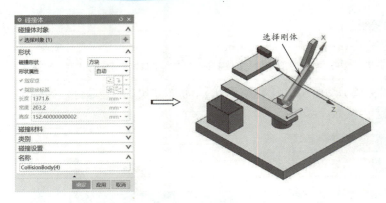

图 2-54　创建碰撞体

单击【主页】选项卡上的【机械】组中的【碰撞体】按钮，弹出【碰撞体】对话框，选择如图 2-55 所示的面，【碰撞形状】为"方块"，【类别】为"0"，【名称】为短传送带，单击【确定】按钮，如图 2-55 所示。

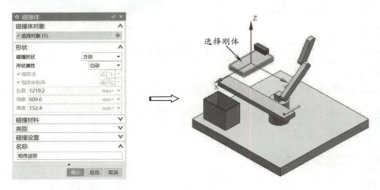

图 2-55　创建碰撞体

单击【主页】选项卡上的【机械】组中的【碰撞体】按钮，弹出【碰撞体】对话框，选择如图 2-56 所示的面，【碰撞形状】为"方块"，【类别】为"0"，【名称】为长传送带，单击【确定】按钮，如图 2-56 所示。

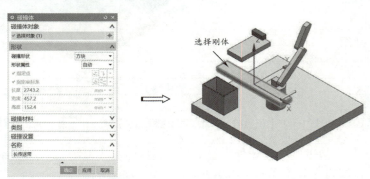

图 2-56　创建碰撞体

单击【主页】选项卡上的【机械】组中的【碰撞体】按钮，弹出【碰撞体】对话框，选择如图 2 –57 所示的面，【碰撞形状】为"凸多面体"，【类别】为"0"，【名称】为默认，单击【确定】按钮，如图 2 –57 所示。

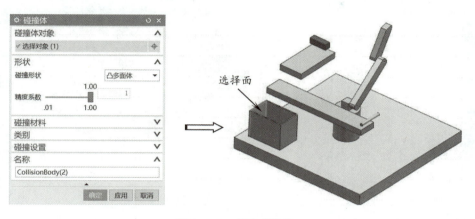

图 2 –57　创建碰撞体

同理创建箱子内壁面和底面作为碰撞体。

4. 创建传输面

单击【主页】选项卡上的【机械】组中的【传输面】按钮，弹出【传输面】对话框，【运动类型】为"直线"，【速度平行】为"150 mm/s"，选择如图 2 –58 所示的面和方向。

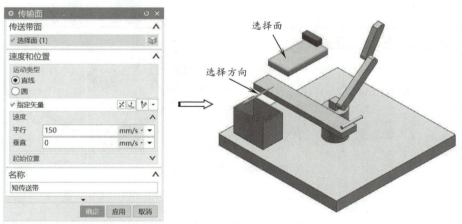

图 2 –58　选择面

单击【主页】选项卡上的【机械】组中的【传输面】按钮，弹出【传输面】对话框，【运动类型】为"直线"，【速度平行】为"150 mm/s"，选择如图 2 –59 所示的面和方向。

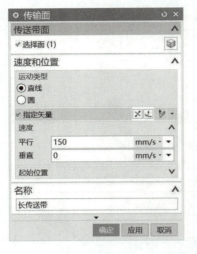

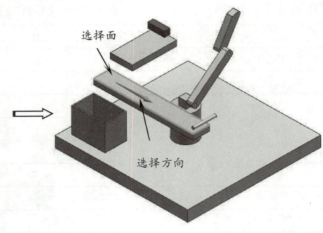

图 2－59　选择面

5. 创建运动副

（1）创建固定副

单击【主页】选项卡上的【机械】组中的【固定副】按钮 ，弹出【固定副】对话框，选择如图 2－60 所示的刚体，单击【确定】按钮，创建固定副，如图 2－60 所示。

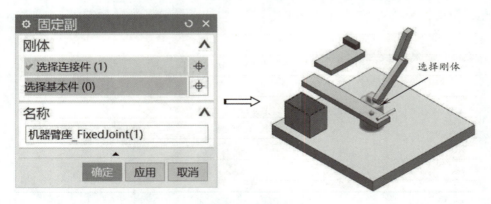

图 2－60　创建固定副

（2）创建铰链副

单击【主页】选项卡上的【机械】组中的【铰链副】按钮 ，弹出【铰链副】对话框，如图 2－61 所示。

图 2-61 【铰链副】对话框

选择如图 2-62 所示的连接件，选择平面作为轴矢量方向，选择圆心作为锚点，单击【确定】按钮创建铰链副。

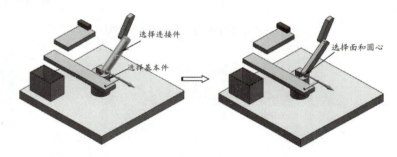

图 2-62 选择连接件和矢量

单击【主页】选项卡上的【机械】组中的【铰链副】按钮 ，弹出【铰链副】对话框，如图 2-63 所示。

图 2-63 【铰链副】对话框

选择如图 2-64 所示的连接件，选择平面作为轴矢量方向，选择圆心作为锚点，单击【确定】按钮创建铰链副。

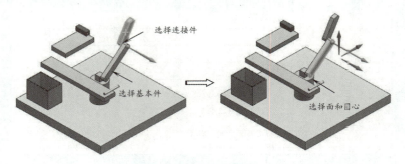

图 2-64　选择连接件和矢量

（3）创建滑动副

单击【主页】选项卡上的【机械】组中的【滑动副】按钮，弹出【滑动副】对话框，如图 2-65 所示。

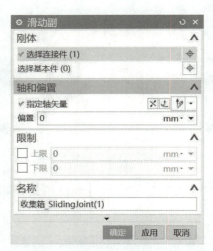

图 2-65　【滑动副】对话框

选择如图 2-66 所示的连接件，选择如图 2-66 所示的方向作为轴矢量方向。

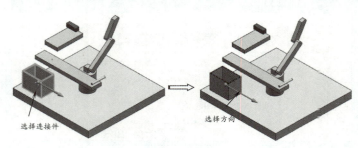

图 2-66　选择对象和轴矢量方向

6. 创建位置控制

单击【主页】选项卡上的【电气】组中的【位置控制】按钮 ，弹出【位置控制】对话框，选择如图2−67所示的滑动副，【目标】为300 mm，【速度】为50 mm/s，单击【确定】按钮完成，如图2−67所示。

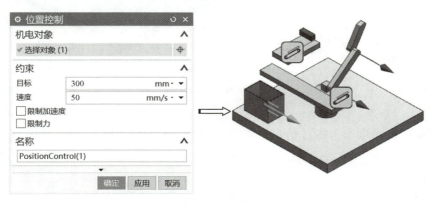

图2−67 施加位置控制

单击【主页】选项卡上的【电气】组中的【位置控制】按钮 ，弹出【位置控制】对话框，选择如图2−68所示的滑动副，【目标】为300 mm，【速度】为50 mm/s，单击【确定】按钮完成，如图2−68所示。

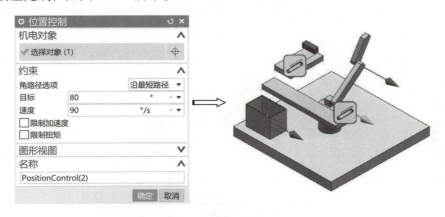

图2−68 施加位置控制

7. 创建速度控制

单击【主页】选项卡上的【电气】组中的【速度控制】按钮 ，弹出【速度控制】对话框，选择如图2−69所示的旋转副，【速度】为30 rad/s，单击【确定】按钮完成，如图2−69所示。

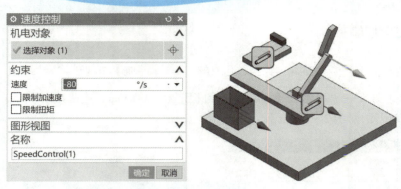

图 2-69　速度控制

8. 仿真播放

单击【主页】选项卡上的【仿真】组中的【播放】按钮 ▶，在图形区显示运动过程仿真，曲柄绕旋转轴以 30 rad/s 速度旋转。

项目训练：

彩球机部分机构运动副定义：

1. 活塞顶升机构定义运动副

创建连杆 1、连杆 2 和活塞之间运动副链接，使其具备运动的物理属性。在该机构中，需要创建三个铰链副和一个滑动副，对话框属性定义如图 2-70~图 2-73 所示，连杆 1 铰链副、连杆 2 和 1 运动链接、连杆 2 和活塞运动链接、活塞滑动副定义。

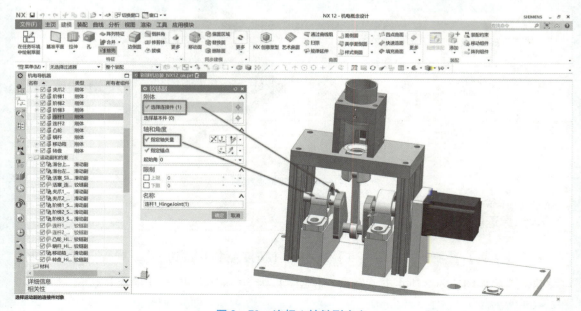

图 2-70　连杆 1 铰链副定义

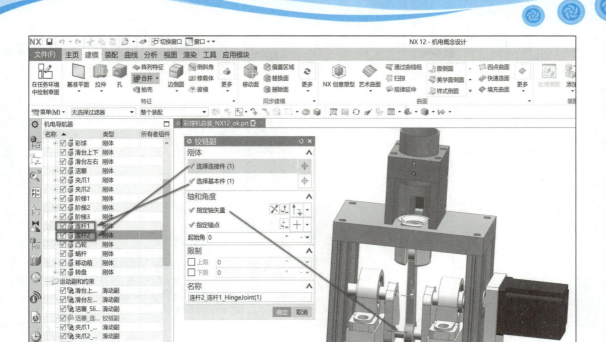

图 2-71　连杆 2 与连杆 1 运动链接定义

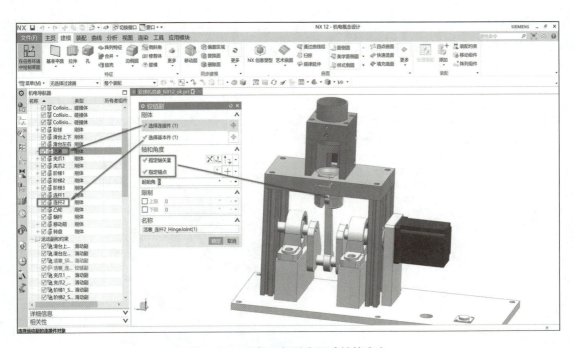

图 2-72　连杆 2 与活塞运动链接定义

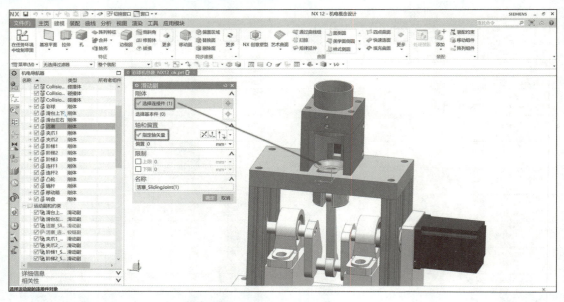

图 2－73　活塞滑动副定义

2. 轴气缸机械手定义运动副

创建夹具、滑台上下和滑台左右的运动副链接，使其具备运动的物理属性。在该机构中，需要创建四个滑动副，创建夹爪的齿轮副，使其一同运动，如图 2－74 ~ 图 2－78 所示，夹爪 1 滑动副链接、夹爪 2 滑动副链接、滑台上下滑动副和滑台左右滑动副定义，以及齿轮副的定义。

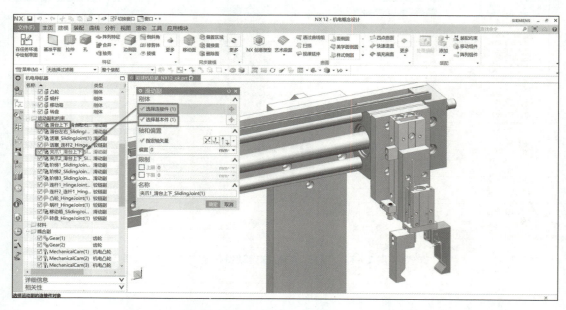

图 2－74　夹爪 1 滑动副定义

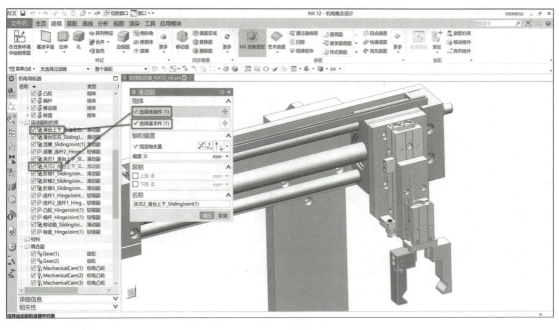

图 2 - 75　夹爪 2 滑动副定义

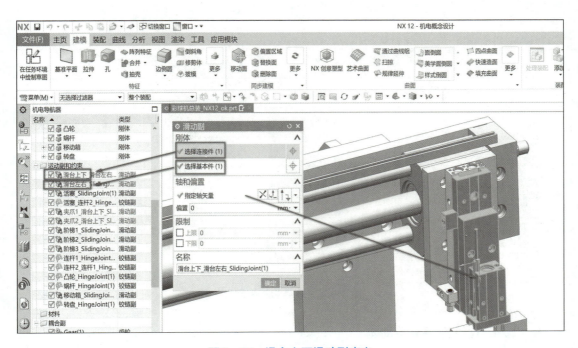

图 2 - 76　滑台上下滑动副定义

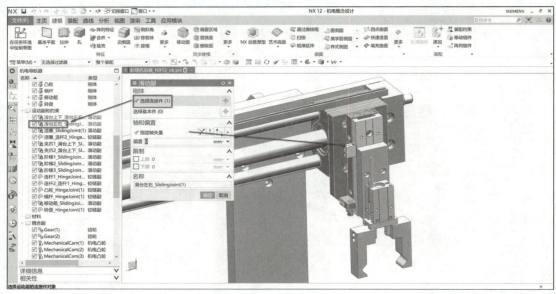

图 2-77 滑台左右滑动副定义

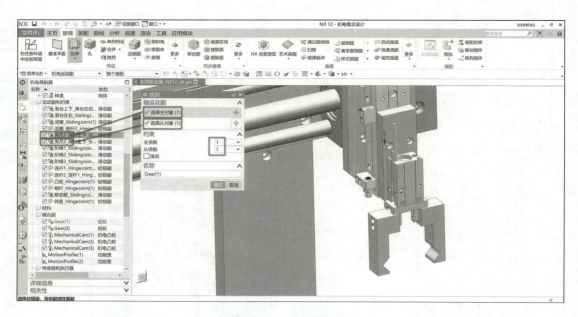

图 2-78 夹具齿轮副定义

3. 机械凸轮机构定义运动副

创建凸轮铰链副和阶梯 1 滑动副（阶梯 2、3 同理），使其具备运动的物理属性。在该机构中，需要创建三个滑动副，一个铰链副，如图 2-79 和图 2-80 所示为阶梯 1 滑动副的定义和凸轮铰链副的定义。

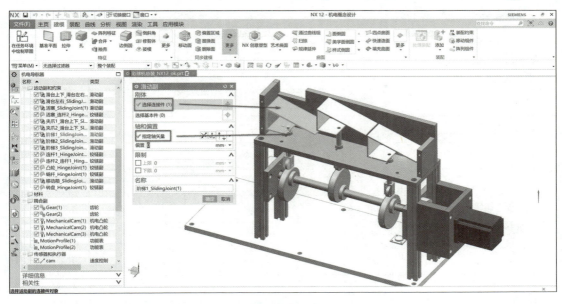

图 2 - 79　阶梯 1 滑动副定义

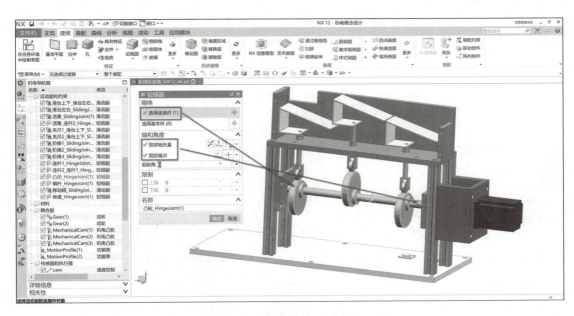

图 2 - 80　凸轮铰链副定义

添加耦合副。该机构为典型的机械凸轮结构，需要为其添加耦合副，图 2 - 81 ～图 2 - 84 所示分别为运动曲线 1、运动曲线 2、阶梯 1 机械凸轮（阶梯 3 同）和阶梯 2 机械凸轮的定义。

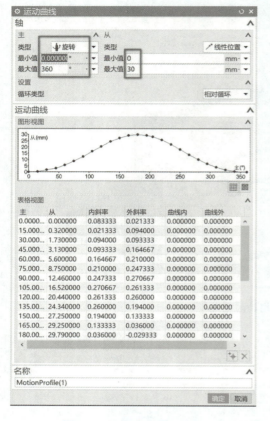

图 2-81 运动曲线 1 定义

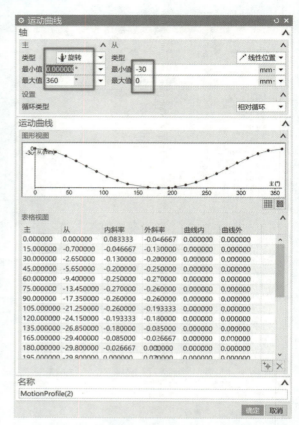

图 2-82 运动曲线 2 定义

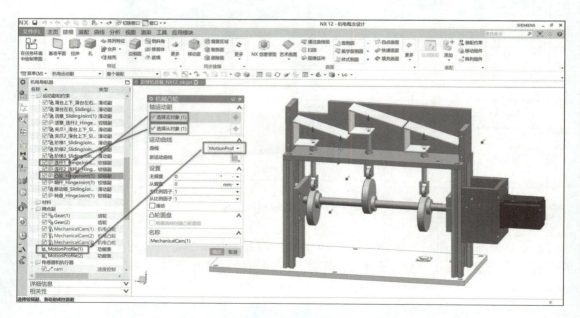

图 2-83 阶梯 1 机械凸轮定义（阶梯 3 同）

4. 转盘送料机构定义运动副

创建蜗杆和转盘铰链副，使其具备运动的物理属性。在该机构中，需要创建两个铰链副，对话框属性定义如图 2 – 85 和图 2 – 86 所示。

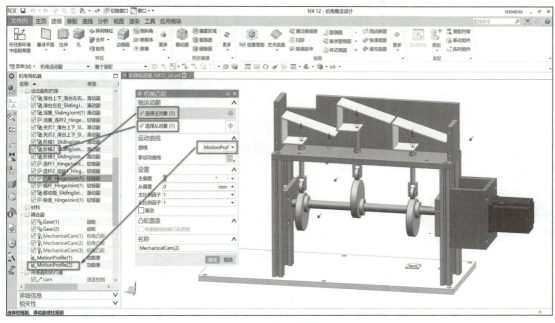

图 2 – 84　阶梯 2 机械凸轮定义

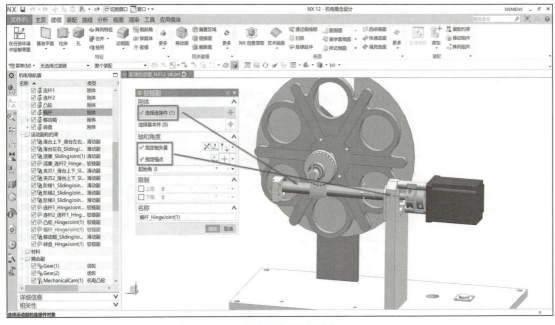

图 2 – 85　蜗杆铰链副定义

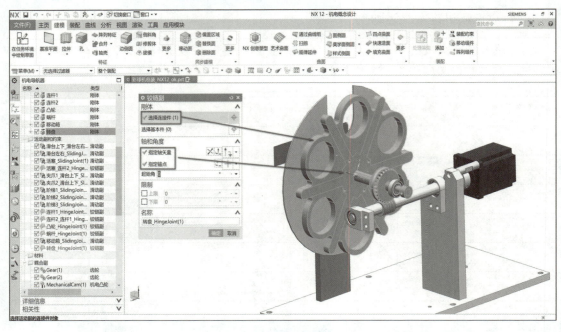

图 2-86 转盘铰链副定义

添加耦合副蜗轮蜗杆，如图 2-87 所示。

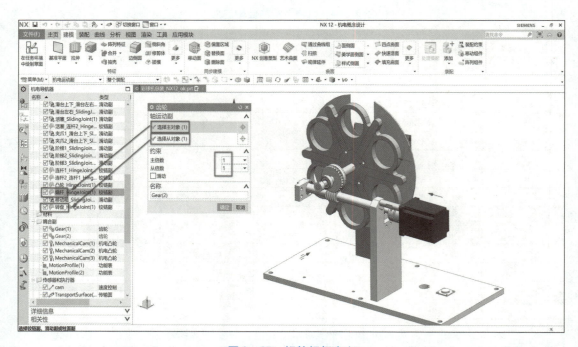

图 2-87 蜗轮蜗杆定义

学习情境三
传感器与执行器

学习情境描述

　　机电概念设计 MCD 中的常用传感器（Sensor）有碰撞传感器（Collision Sensor）、距离传感器（Distance Sensor）、位置传感器（Position Sensor）、通用传感器（Generic Sensor）、限位开关（Limit Switch）和继电器（Relay）等。执行器（Actuator）用于定义线性运动或旋转运动的驱动装置，常用的执行器有速度控制、位置控制。

学习目标

【知识目标】

1. 通过方块对象传送带速度控制案例掌握对象源和速度控制的使用。
2. 通过箱子传送带位置案例掌握碰撞传感器的使用。
3. 通过方料距离检测案例掌握距离传感器的使用。
4. 通过小球自由落体限位检测案例掌握限位开关的使用。
5. 通过旋转轴位置检测案例掌握位置传感器的使用。

【能力目标】

1. 能够完成对应功能传感器的定义。
2. 能够通过动画仿真对应机构设备的运行。

【素质目标】

1. 具备爱专研、懂变通、善于分析、大胆猜想的思想。
2. 养成安全、文明、规范的职业行为。

【思政目标】

1. 具备正确的政治信念、良好的职业道德与不断创新的科学观。
2. 培养合作共赢团队精神。
3. 培养敬业、精业的工匠精神。

任务书

根据 5 个运动案例，结合上一课题学到的运动副、耦合副以及对象源的使用方法，完成 5 个机构的仿真序列（控制逻辑）编写，通过仿真序列控制掌握传感器与执行器的使用。

任务分组

学生任务分配表如表 3 – 1 所示。

表 3 – 1 学生任务分配表

班级		组号		指导老师	
组长		学号			
组员	姓名	学号	姓名	学号	
任务分工	姓名	负责工作			

获取资讯（课前自学）

引导问题 1：本任务的目标是实现 5 种机构的运动与传感器仿真，查阅资料了解并说明常见传感器有哪些。

_____

_____

_____

_____

_____

工作计划（课中实训）

引导问题2：本任务的内容都包含哪些？制作各部分的计划表。

内容＼进度	运动副 计划完成时间/min	仿真 计划完成时间/min

引导问题3：本任务在仿真软件里都需要创建哪些类型的机构？

传感器名称	传感器类型	机构作用	所属分组

 进行决策（课中实训）

引导问题4：分组讨论应该建立哪些类型的传感器和信号以及信号如何分组。

信号名称	信号类型	信号作用	所属分组

工作实施（课中实训）

引导问题 5：操作实施步骤是什么？各阶段时间如何分配？在实施过程中遇到哪些问题？如何解决？

实施步骤	预计时间	是否超时	问题	解决方法

操作题

在文件上完成 5 种机构设备使用传感器的仿真动画编写，通过仿真动画控制对应机构设备的运行。

小提示（知识链接）

MCD 中常用传感器（Sensor）有碰撞传感器（Collision Sensor）、距离传感器（Distance Sensor）、位置传感器（Position Sensor）、通用传感器（Generic Sensor）、限位开关（Limit Switch）和继电器（Relay）等。执行器（Actuator）用于定义线性运动或旋转运动的驱动装置，常用的执行器有速度控制、位置控制。

1. 速度控制

速度控制（Speed Control）可以控制机电对象按设定的速度运行，主要是指机电一体化概念设计 MCD 对象的运动速度，如传输面的传输速度或者各种运动副的运动速度。

单击【主页】选项卡上的【电气】组中的【速度控制】按钮 ，弹出【速度控制】对话框，如图 3 – 1 所示。

速度控制参数如表 3 – 2 所示。

图 3 – 1　【速度控制】对话框

表 3 – 2　速度控制参数

序号	参数	描述
1	机电对象	选择需要添加执行机构的轴运动副
2	速度	指定一个恒定的速度值 轴运动副为转动，速度值单位为（°）/s 轴运动副为平动，速度值单位为（°）/s
3	名称	定义速度控制的名称

2. 位置控制

位置控制（Position Control）用来控制运动几何体的目标位置，让几何体按照指定的速度运动到指定的位置后停止。位置控制包含两种控制：位置目标控制和达到位置目标的速度控制。

位置控制驱动运动副的轴以一预设的恒定速度运动到一预设的位置，并且限制运动副的自由度。完成运动所需的时间 $= \dfrac{位移}{速度}$。

单击【主页】选项卡上的【电气】组中的【位置控制】按钮 ，弹出【位置控制】对话框，如图 3 - 2 所示。

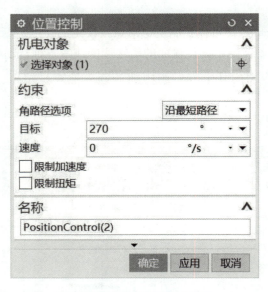

图 3 - 2　【位置控制】对话框

位置控制参数如表 3 - 3 所示。

表 3 - 3　位置控制参数

序号	参数	描述
1	轴运动副	选择需要添加执行机构的轴运动副
2	轴类型	选择轴类型：角度、线性
3	角路径选项	此选项只有在轴类型为"角度"时出现，用于定义轴运动副的旋转方案。包括：沿最短路径、顺时针旋转、逆时针旋转、跟踪多圈
4	目标	指定一个目标位置
5	速度	指定一个恒定的速度值
6	名称	定义位置控制的名称

3. 距离传感器

距离传感器（Distance Sensor）用来检测对象与传感器之间距离的传感器。

单击【主页】选项卡上的【电气】组中的【距离传感器】按钮，弹出【距离传感器】对话框，如图3-3所示。

距离传感器参数如表3-4所示。

图3-3 【距离传感器】对话框

表3-4 距离传感器参数

序号	参数	描述
1	选择对象	选择检测的刚体
2	指定点	指定用于测量距离的开始点
3	指定矢量	指定测量方向
4	开口角度	指定测量范围开口角度
5	范围	指定测量开始距离

4. 位置传感器

位置传感器（Position Sensor）用于检测运动副位置数据的传感器。

单击【主页】选项卡上的【电气】组中的【位置传感器】按钮，弹出【位置传感器】对话框，如图3-4所示。

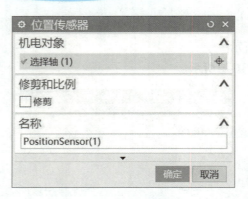

图 3 – 4 【位置传感器】对话框

5. 限位开关

限位开关（Limit Switch）用于检测对象的位置、力、扭矩、速度和加速度等是否在设定的范围内。若在范围之内，输出为 false；若超出该范围，则输出为 true。

单击【主页】选项卡上的【电气】组中的【限位开关】按钮 ，弹出【限位开关】对话框，如图 3 – 5 所示。

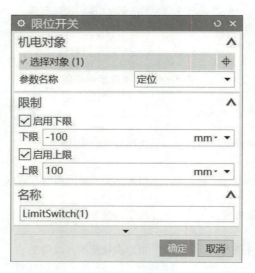

图 3 – 5 【限位开关】对话框

评价反馈

个人自评打分表、小组自评打分表、小组间互评表、教师评价表如表 3 – 5 ~ 表 3 – 8 所示。

表 3 – 5　个人自评打分表

班级		组名		日期	年　　月　　日
评价指标	评价内容			分数	分数评定
概念理解	能否准确描述： 1. 传感器的类型和作用 2. 位置控制和速度控制的使用范围			10 分	
操作实践	是否完成以下工作： 机构相关的刚体的命名和定义，碰撞体是否合理、运动副是否有遗漏、位置和速度控制是否存在错误、传感器布置是否合理			10 分	
参与态度	积极主动参与工作；与教师、同学之间是否相互尊重、理解、平等；与教师、同学之间是否能够保持多向、丰富、适宜的信息交流			10 分	
	探究式学习、自主学习不流于形式，处理好合作学习和独立思考的关系，做到有效学习；能提出有意义的问题或能发表个人见解；能按要求正确操作；能够倾听别人意见、协作共享			10 分	
学习方法	学习方法得体，有工作计划；操作技能是否符合规范要求；是否能按要求正确操作；是否获得了进一步学习的能力			10 分	
工作过程	平时上课的出勤情况和每天完成工种任务情况；善于多角度分析问题，能主动发现、提出有价值的问题			15 分	
思维态度	是否能发现问题、提出问题、分析问题、解决问题、创新问题			10 分	
自评反馈	按时按质完成工作任务；较好地掌握了专业知识点；具有较强的问题分析能力和理解能力；具有较为全面严谨的思维能力并能条理清楚明晰表达成文			25 分	
个人自评分数					
有益的经验和做法					
总结反馈建议					

表 3-6　小组自评打分表

班级		组名		日期	年　　月　　日	
评价指标	评价内容			分数	分数评定	
概念理解	能否准确描述： 1. 传感器的类型和作用 2. 位置控制和速度控制的使用范围			10 分		
操作实践	是否完成以下工作： 机构相关的刚体的命名和定义，碰撞体是否合理、运动副是否有遗漏、位置和速度控制是否存在错误、传感器布置是否合理			10 分		
参与态度	积极主动参与工作；与教师、同学之间是否相互尊重、理解、平等；与教师、同学之间是否能够保持多向、丰富、适宜的信息交流			10 分		
	探究式学习、自主学习不流于形式，处理好合作学习和独立思考的关系，做到有效学习；能提出有意义的问题或能发表个人见解；能按要求正确操作；能够倾听别人意见、协作共享			10 分		
学习方法	学习方法得体，有工作计划；操作技能是否符合规范要求；是否能按要求正确操作；是否获得了进一步学习的能力			10 分		
工作过程	平时上课的出勤情况和每天完成工种任务情况；善于多角度分析问题，能主动发现、提出有价值的问题			15 分		
思维态度	是否能发现问题、提出问题、分析问题、解决问题、创新问题			10 分		
自评反馈	按时按质完成工作任务；较好地掌握了专业知识点；具有较强的问题分析能力和理解能力；具有较为全面严谨的思维能力并能条理清楚明晰表达成文			25 分		
小组自评分数						
有益的经验和做法						
总结反馈建议						

表 3 – 7　小组间互评表

班级		组名		日期	年　　月　　日
评价指标	评价内容			分数	分数评定
概念理解	该组能有效利用网络、图书资源、工作手册、软件帮助文档查找有用的相关信息等			5 分	
	该组能用自己的语言有条理地去解释、表述所学知识			5 分	
	该组能将查到的信息有效地传递到工作中			5 分	
操作实践	该组准备和讨论工作是否充分，是否熟悉操作步骤			5 分	
	小组成员的任务分工及参与度情况			5 分	
	该组成员在工作中是否能获得满足感			5 分	
参与态度	该组与教师、同学之间是否相互尊重、理解、平等，与教师、同学之间是否能够保持多向、丰富、适宜的信息交流			10 分	
	该组能否处理好合作学习和独立思考的关系，做到有效学习			5 分	
	该组能提出有意义的问题或能发表个人见解；能按要求正确操作；能够倾听别人意见、协作共享			5 分	
	该组能否积极参与，在软件操作实践过程中不断学习，综合运用信息技术的能力得到提高			5 分	
学习方法	该组的工作计划、操作技能是否符合现场管理要求			5 分	
	该组是否获得了进一步发展的能力			5 分	
工作过程	该组遵守管理规程，操作过程符合现场管理要求			5 分	
	该组平时上课的出勤情况和每天完成工作任务情况			5 分	
	该组成员是否实现了预期的操作结果，并善于多角度分析问题，能主动发现、提出有价值的问题			10 分	
思维态度	该组是否能发现问题、提出问题、分析问题、解决问题、创新问题			5 分	
自评反馈	该组是否能严肃认真地对待自评，并能独立完成自测试题			10 分	
互评分数					
简要评述					

表3-8　教师评价表

班级		组名		姓名	
出勤情况					
评价内容	评价要点	考察要点		分数	分数评定
1. 任务描述、接受任务	口述内容细节	1. 表述仪态自然、吐字清晰 2. 表达思路清晰、层次分明、准确		5分	
2. 任务分析、分组情况	依据引导分析任务分组分工	1. 分析任务关键点准确		5分	
		2. 涉及概念知识回顾完整，分组分工明确			
3. 制订计划	传感器命名及定义	传感器规则、传感器类型、传感器命名、传感器分组		5分	
	速度和位置控制的定义及连接	1. 速度和位置控制定义 2. 速度和位置控制命名 3. 运动副与速度和位置控制连接		10分	
4. 计划实施	操作前准备	1. 前置场景文件是否准备充分（需要在完成场景四的基础上开展工作）		10分	
		2. 任务分工表是否填写完整			
		3. 操作步骤是否填写完整			
	操作实践	1. 正确创建、命名刚体		10分	
		2. 正确创建、命名传感器		10分	
		3. 仿真序列组织逻辑合理，能正确控制彩球机运行		20分	
	现场恢复	1. 软件程序是否退出、电脑主机及显示器是否关机		3分	
		2. 桌椅、图书、鼠标键盘恢复整理		2分	
5. 成果检验	操作完成程度	能否实现预期的运行结果		5分	
		信号的命名、定义、分组			
		序列的命名、定义、分组			
6. 总结	任务总结	1. 依据自评分数		2分	
		2. 依据互评分数		3分	
		3. 依据个人总结评分报告		10分	
合　计				100分	

参考操作

一、方块对象传送带速度控制操作过程

1. 启动机电概念设计

启动 NX 后，在功能区中单击【主页】选项卡中【标准】组中的
【打开】按钮，在弹出【打开】对话框中选择光盘文件，如图 3－6
所示。

3－1 方块对象传送带
速度控制 . mp4

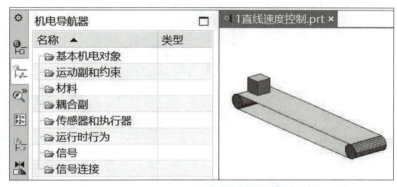

图 3－6　打开模型文件

2. 创建刚体

单击【主页】选项卡上的【机械】组中的【刚体】按钮，弹出【刚体】对话框，
选择如图 3－7 所示的实体，【名称】为"方块"，单击【确定】按钮，在【机电导航器】
窗口显示创建的刚体，如图 3－7 所示。

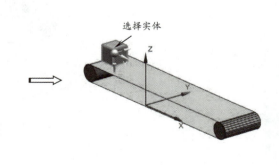

图 3－7　创建刚体

3. 创建碰撞体

单击【主页】选项卡上的【机械】组中的【碰撞体】按钮 ，弹出【碰撞体】对话框，选择如图 3-8 所示的刚体，【碰撞形状】为"方块"，【类别】为"0"，【名称】为默认，如图 3-8 所示，单击【确定】按钮完成。

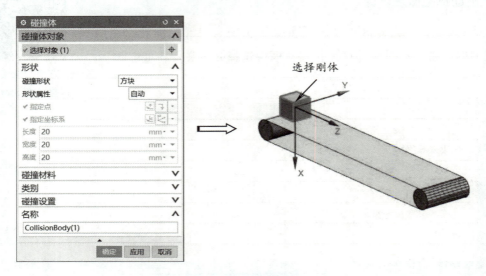

图 3-8　创建碰撞体

单击【主页】选项卡上的【机械】组中的【碰撞体】按钮 ，弹出【碰撞体】对话框，选择如图 3-9 所示的面，【碰撞形状】为"方块"，【类别】为"0"，【名称】为"传送带"，如图 3-9 所示，单击【确定】按钮完成。

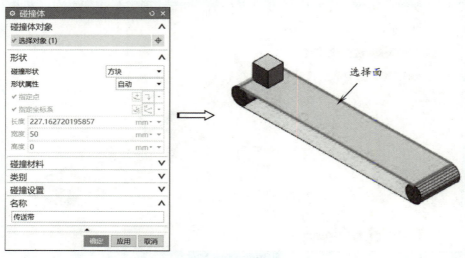

图 3-9　创建碰撞体

4. 创建传输面

单击【主页】选项卡上的【机械】组中的【传输面】按钮![传输面按钮]，弹出【传输面】对话框，【运动类型】为"直线"，【速度】为"0 mm/s"，选择如图 3 – 10 所示的面和方向，【名称】为"直线传送带"。

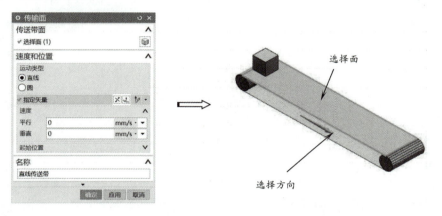

图 3 – 10　选择面

单击【确定】按钮，在【机电导航器】窗口显示创建的传输面，如图 3 – 11 所示。

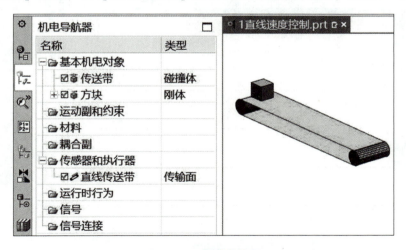

图 3 – 11　创建传输面

5. 创建基于时间的对象源

单击【主页】选项卡上的【机械】组中的【对象源】按钮![对象源按钮]，弹出【对象源】对话框，选择如图 3 – 12 所示的刚体，【触发】为"基于时间"，【时间间隔】为"5 s"，单击【确定】按钮完成。

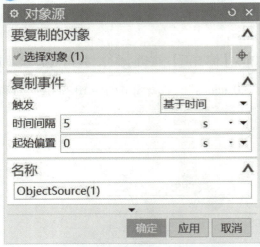

图 3－12　创建对象源

6. 创建速度控制

单击【主页】选项卡上的【电气】组中的【速度控制】按钮 ⤢，弹出【速度控制】对话框，如图 3－13 所示。选择如图 3－13 所示的旋转副，【速度】为 20 mm/s，单击【确定】按钮完成。

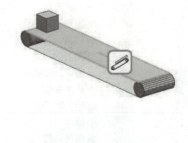

图 3－13　创建速度控制

7. 仿真播放

单击【主页】选项卡上的【仿真】组中的【播放】按钮 ▶，在图形区显示运动过程仿真，方块沿着传输面运动，并且每隔 5 s 出现一个新方块，如图 3－14 所示。

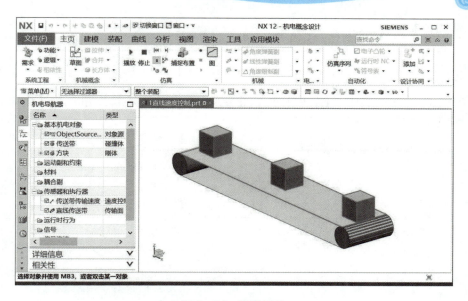

图 3 – 14 仿真播放

二、箱子传送带位置控制操作过程

1. 启动机电概念设计

启动 NX 后，在功能区中单击【主页】选项卡中【标准】组中的【打开】按钮 ，在弹出【打开】对话框中选择光盘文件，如图 3 – 15 所示。

3 – 2 箱子传送带
位置控制 . mp4

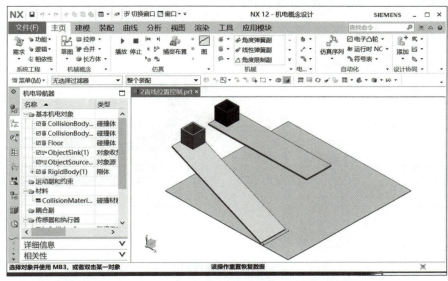

图 3 – 15 打开模型文件

2. 创建刚体

单击【主页】选项卡上的【机械】组中的【刚体】按钮 ，弹出【刚体】对话框，选择如图 3 - 16 所示的实体，【名称】为"箱子"，单击【确定】按钮，在【机电导航器】窗口显示创建的刚体，如图 3 - 16 所示。

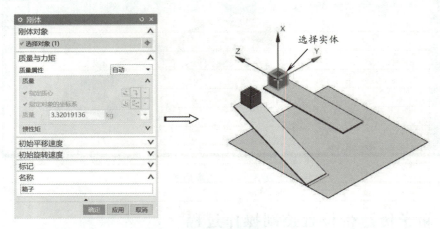

图 3 - 16　创建刚体

3. 创建碰撞体

单击【主页】选项卡上的【机械】组中的【碰撞体】按钮 ，弹出【碰撞体】对话框，选择如图 3 - 17 所示的刚体，【碰撞形状】为"方块"，【类别】为"0"，【名称】为默认，如图 3 - 17 所示，单击【确定】按钮完成。

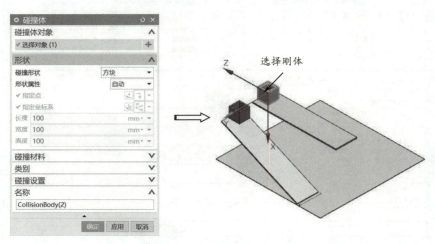

图 3 - 17　创建碰撞体

单击【主页】选项卡上的【机械】组中的【碰撞体】按钮 ，弹出【碰撞体】对话框，选择如图 3-18 所示的面，【碰撞形状】为"方块"，【类别】为"0"，【名称】为"传送带"，如图 3-18 所示，单击【确定】按钮完成。

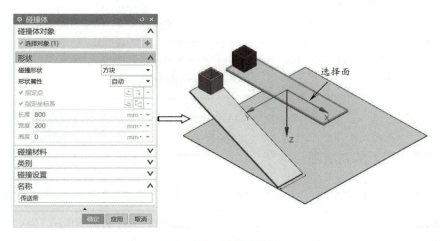

图 3-18　创建碰撞体

4. 创建传输面

单击【主页】选项卡上的【机械】组中的【传输面】按钮 ，弹出【传输面】对话框，【运动类型】为"直线"，【速度】为"0 mm/s"，选择如图 3-19 所示的面和方向，【名称】为"水平传送带"，单击【确定】按钮完成。

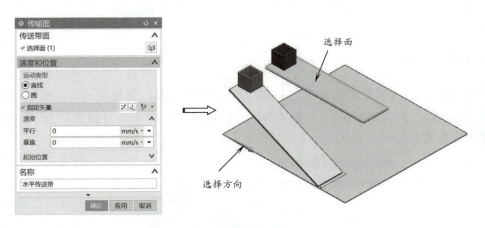

图 3-19　选择面

单击【确定】按钮，在【机电导航器】窗口显示创建的传输面，如图 3-20 所示。

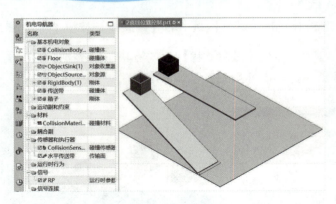

图 3 – 20　创建传输面

5. 创建基于时间的对象源

单击【主页】选项卡上的【机械】组中的【对象源】按钮 ，弹出【对象源】对话框，选择如图 3 – 21 所示的刚体，【触发】为"基于时间"，【时间间隔】为"5 s"，单击【确定】按钮完成。

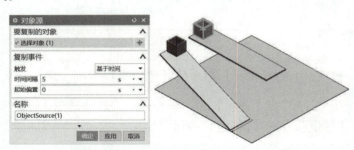

图 3 – 21　创建对象源

6. 创建位置控制

单击【主页】选项卡上的【电气】组中的【位置控制】按钮 ，弹出【位置控制】对话框，选择如图 3 – 22 所示的传输面旋转副，【目标】为 500 mm，【速度】为"50 mm/s"，单击【确定】按钮完成，如图 3 – 22 所示。

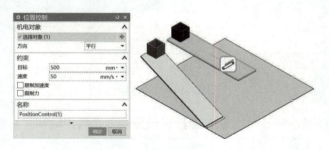

图 3 – 22　创建位置控制

7. 仿真播放

单击【主页】选项卡上的【仿真】组中的【播放】按钮 ，在图形区显示运动过程仿真，箱子以 50 mm/s 的速度沿着传输面运动到 500 mm 位置停止，如图 3 – 23 所示。

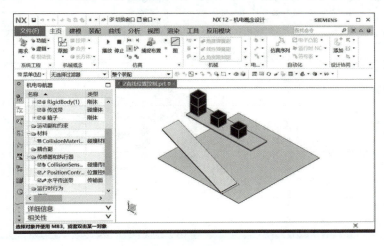

图 3 – 23　仿真播放

三、方料距离检测操作过程

1. 打开模型进入机电概念设计模块

启动 NX 后，在功能区中单击【主页】选项卡中【标准】组中的【打开】按钮 ，在弹出【打开】对话框中选择光盘文件，进入建模环境，如图 3 – 24 所示。

3 – 3 方料距离
检测 . mp4

图 3 – 24　【新建】对话框

单击【应用模块】选项卡上的【更多】下的【机电概念设计】按钮 ，进入机电概念设计环境，如图 3-25 所示。

图 3-25　进入机电概念设计环境

2. 创建刚体

单击【主页】选项卡上的【机械】组中的【刚体】按钮 ，弹出【刚体】对话框，选择如图 3-6 所示的实体，【名称】为"方料"，单击【确定】按钮，在【机电导航器】窗口显示创建的刚体，如图 3-26 所示。

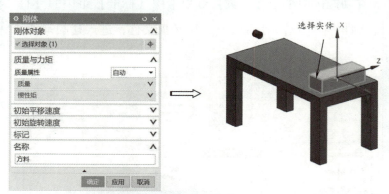

图 3-26　创建刚体

3. 创建碰撞体

单击【主页】选项卡上的【机械】组中的【碰撞体】按钮，弹出【碰撞体】对话框，选择如图 3-27 所示的面，【碰撞形状】为"方块"，【类别】为"0"，【名称】为默认，单击【确定】按钮，如图 3-27 所示。

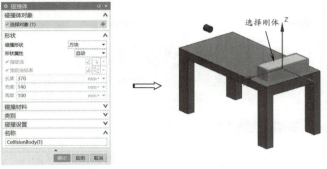

图 3-27 创建碰撞体

单击【主页】选项卡上的【机械】组中的【碰撞体】按钮 ![icon]，弹出【碰撞体】对话框，选择如图 3-28 所示的面，【碰撞形状】为"方块"，【类别】为"0"，【名称】为"传输面"，单击【确定】按钮，如图 3-28 所示。

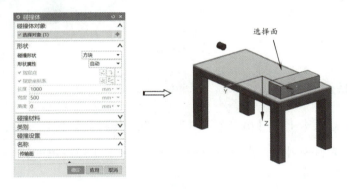

图 3-28 创建碰撞体

4. 创建对象源

单击【主页】选项卡上的【机械】组中的【对象源】按钮 ![icon]，弹出【对象源】对话框，选择如图 3-29 所示的刚体，【触发】为"基于时间"，【时间间隔】为"10 s"，单击【确定】按钮完成。

图 3-29 创建对象源

5. 创建传输面

单击【主页】选项卡上的【机械】组中的【传输面】按钮，弹出【传输面】对话框，【运动类型】为"直线"，【速度平行】为"100 mm/s"，选择如图3－30所示的面和方向。

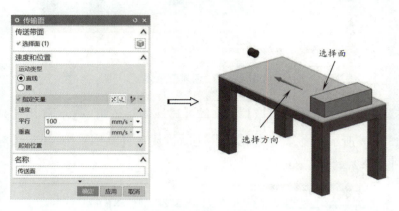

图3－30　选择面

6. 创建距离传感器

单击【主页】选项卡上的【电气】组中的【距离传感器】按钮，弹出【距离传感器】对话框，选择方料为对象，指定点为圆柱端面圆心，【开口角度】为20°，【范围】为400 mm，如图3－31所示。

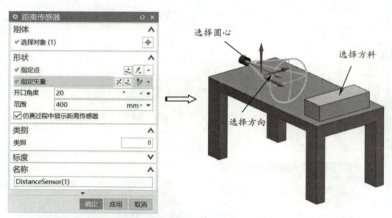

图3－31　创建距离传感器

单击【主页】选项卡上的【仿真】组中的【播放】按钮，在图形区显示运动过程仿真，如图3－32所示。

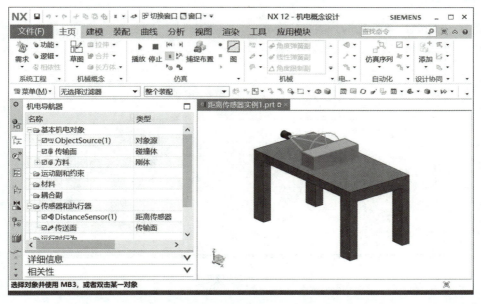

图 3 - 32　播放仿真

7. 添加运行察看器

在【机电导航器】创欧中选择【DistanceSensor（1）】节点，单击鼠标右键，在弹出的快捷菜单中选择【添加到察看器】命令，如图 3 - 33 所示。

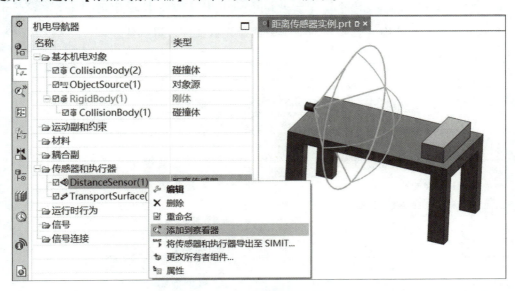

图 3 - 33　添加到察看器

单击【主页】选项卡上的【仿真】组中的【播放】按钮 ，在图形区显示运动过程仿真，方块沿着直线运动，如图 3 - 34 所示。

图 3 – 34　播放仿真

四、小球自由落体限位检测操作过程

1. 打开模型进入机电概念设计模块

启动 NX 后，在功能区中单击【主页】选项卡中【标准】组中的【打开】按钮 ，在弹出【打开】对话框中选择光盘文件，进入建模环境，如图 3 – 35 所示。

3 – 4 小球自由落体限位检测 . mp4

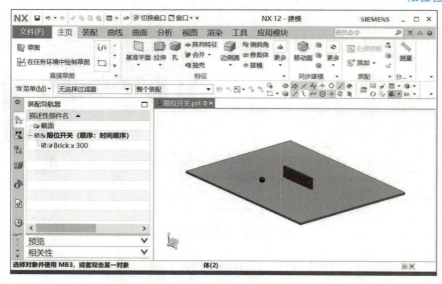

图 3 – 35　打开模型文件

单击【应用模块】选项卡上的【更多】下的【机电概念设计】按钮，进入机电概念设计环境，如图 3－36 所示。

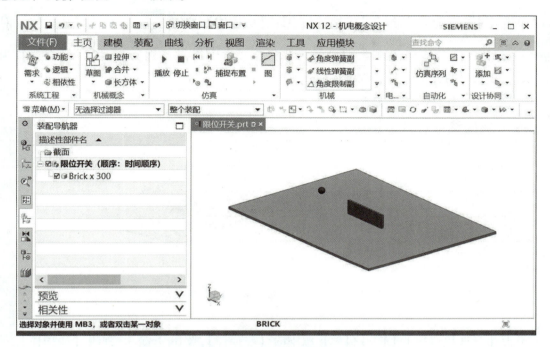

图 3－36　进入机电概念设计环境

2. 创建刚体

单击【主页】选项卡上的【机械】组中的【刚体】按钮，弹出【刚体】对话框，选择如图 3－37 所示的实体，【名称】为"小球"，单击【确定】按钮，在【机电导航器】窗口显示创建的刚体，如图 3－37 所示。

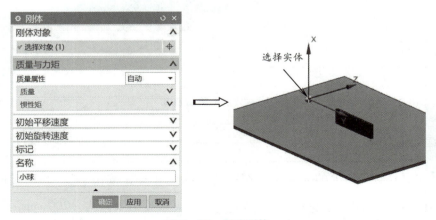

图 3－37　创建刚体

3. 创建碰撞体

单击【主页】选项卡上的【机械】组中的【碰撞体】按钮 ，弹出【碰撞体】对话框，选择如图 3－38 所示的面，【碰撞形状】为"方块"，【类别】为"0"，【名称】为"地板"，单击【确定】按钮，如图 3－38 所示。

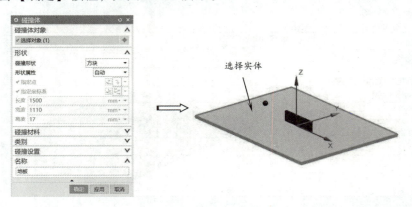

图 3－38　创建碰撞体

单击【主页】选项卡上的【机械】组中的【碰撞体】按钮 ，弹出【碰撞体】对话框，选择如图 3－39 所示的面，【碰撞形状】为"球"，【类别】为"0"，【名称】为系统默认，如图 3－39 所示。

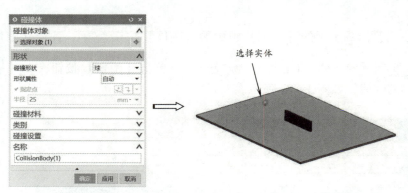

图 3－39　创建碰撞体

4. 创建限位开关

单击【主页】选项卡上的【电气】组中的【限位开关】按钮 ，弹出【限位开关】对话框，选择小球为对象，【参数名称】为"质心．x"，【下限】为 －200 mm，【上限】为 0 mm，如图 3－40 所示。

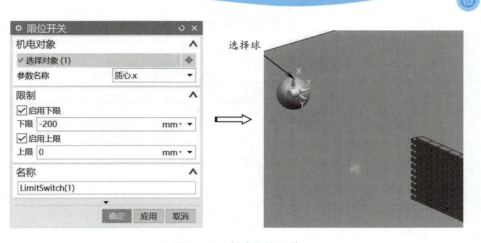

图 3 - 40　创建限位开关

单击【主页】选项卡上的【仿真】组中的【播放】按钮 ▶，在图形区显示运动过程仿真，如图 3 - 41 所示。

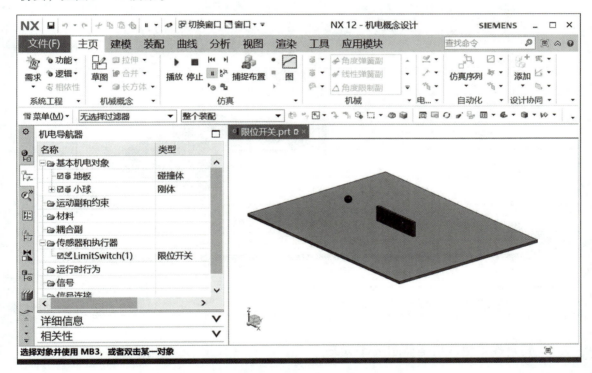

图 3 - 41　播放仿真

5. 添加运行察看器

在【机电导航器】窗口中选择【LimitSwitch（1）】节点，单击鼠标右键，在弹出的快捷菜单中选择【添加到察看器】命令，如图 3 - 42 所示。

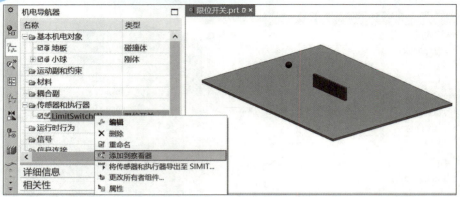

图 3 –42　添加到察看器

单击【主页】选项卡上的【仿真】组中的【播放】按钮 ▶，在图形区显示运动过程仿真，轴旋转运动，如图 3 –43 所示。

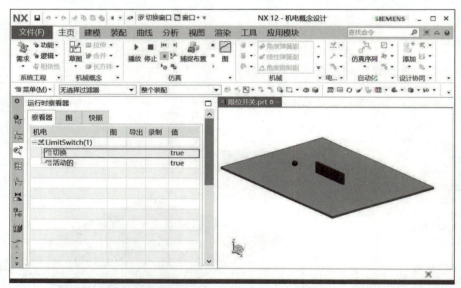

图 3 –43　播放仿真

五、机器臂分拣机构运动副操作过程

1. 打开模型进入机电概念设计模块

启动 NX 后，在功能区中单击【主页】选项卡中【标准】组中的【打开】按钮，在弹出【打开】对话框中选择光盘文件，进入建模环境，如图 3 –44 所示。

3 –5 旋转轴位置
检测 . mp4

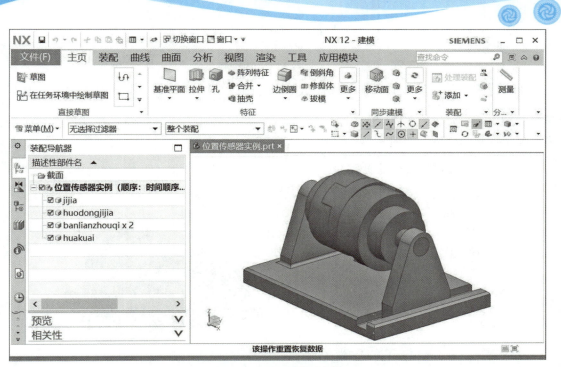

图 3 - 44　打开模型文件

单击【应用模块】选项卡上的【更多】下的【机电概念设计】按钮 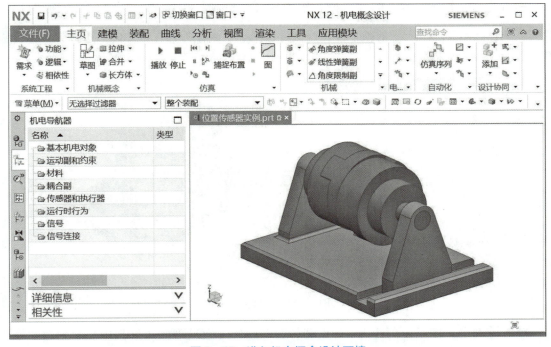，进入机电概念设计环境，如图 3 - 45 所示。

图 3 - 45　进入机电概念设计环境

2. 创建刚体

单击【主页】选项卡上的【机械】组中的【刚体】按钮 ![icon]，弹出【刚体】对话框，选择如图 3-46 所示的实体，【名称】为"转轴"，单击【确定】按钮，在【机电导航器】窗口显示创建的刚体，如图 3-46 所示。

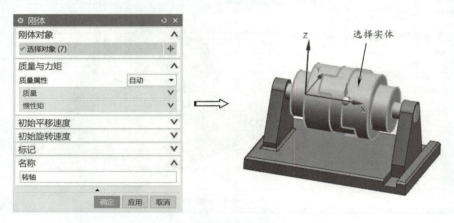

图 3-46　创建刚体

3. 创建铰链副

单击【主页】选项卡上的【机械】组中的【铰链副】按钮 ![icon]，弹出【铰链副】对话框，选择如图 3-47 所示的基本件和连接件，选择平面作为轴矢量方向，选择圆心作为锚点，如图 3-47 所示。

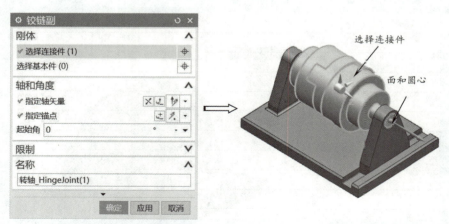

图 3-47　选择对象

单击【确定】按钮，在【机电导航器】窗口中的【运动副和约束】中显示创建的铰链副，如图 3-48 所示。

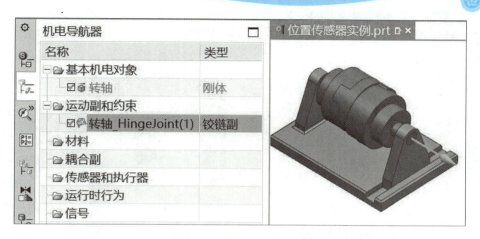

图 3 – 48　显示创建铰链副

4. 创建速度控制

单击【主页】选项卡上的【电气】组中的【速度控制】按钮 ，弹出【速度控制】对话框，如图 3 – 49 所示。选择如图 3 – 49 所示的旋转副，【速度】为 60 rad/s，单击【确定】按钮完成。

图 3 – 49　显示创建速度控制

5. 创建位置传感器

单击【主页】选项卡上的【电气】组中的【距离传感器】按钮 ，弹出【距离传感器】对话框，选择方料为对象，指定点为圆柱端面圆心，【开口角度】为 20°，【范围】为 400 mm，如图 3 – 50 所示。

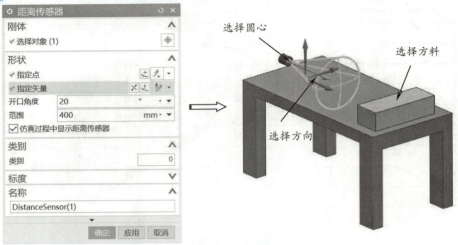

图 3-50　创建距离传感器

单击【主页】选项卡上的【仿真】组中的【播放】按钮 ▶，在图形区显示运动过程仿真，如图 3-51 所示。

图 3-51　播放仿真

6. 添加运行察看器

在【机电导航器】窗口中选择【PositionSensor（1）】节点，单击鼠标右键，在弹出的快捷菜单中选择【添加到察看器】命令，如图 3-52 所示。

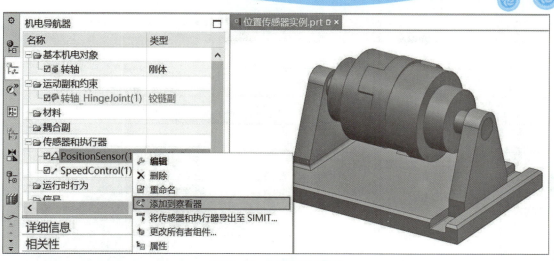

图 3 – 52　添加到察看器

单击【主页】选项卡上的【仿真】组中的【播放】按钮 ▶，在图形区显示运动过程仿真，轴旋转运动，如图 3 – 53 所示。

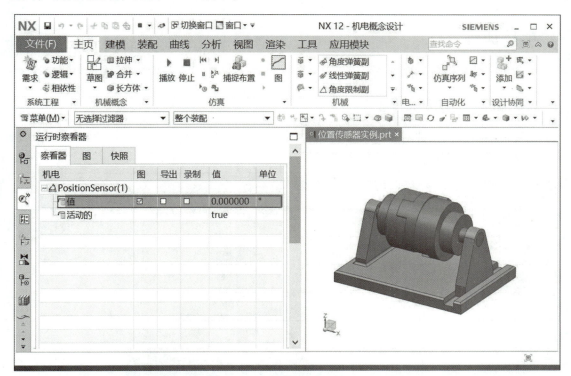

图 3 – 53　播放仿真

在【运行时察看器】窗口中选中【图】复选框，切换到【图】选项卡，绘制检测数据曲线，如图 3 – 54 所示。

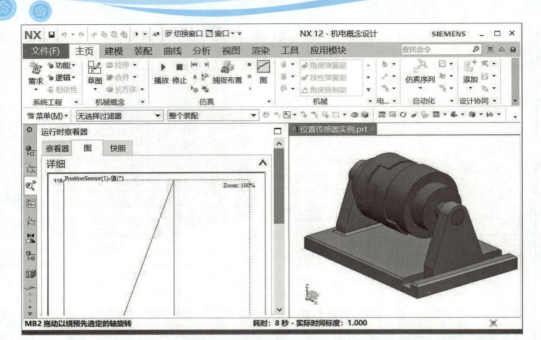

图 3 - 54　数据图

项目训练：

彩球机部分机构运动副定义：

1. 活塞顶升机构定义传感器

创建传感器提供条件对象，在该机构中用于检测活塞处是否存在彩球。如图 3 - 55 所示，定义名称为"彩球到位检测"传感器。

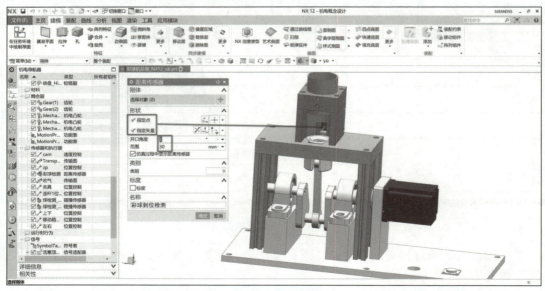

图 3 - 55　距离传感器定义

为提供动力源的运动副添加执行器。在该机构中需要为"连杆1铰链副"添加位置控制。如图3-56所示为连杆1位置控制的定义。

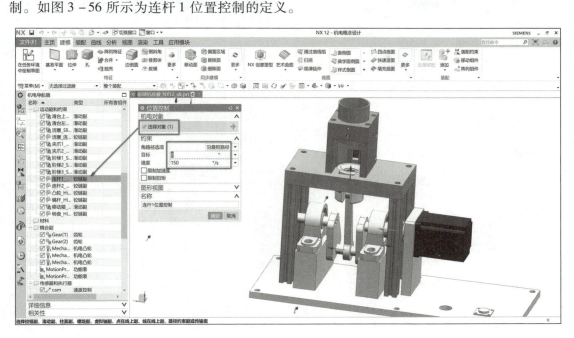

图3-56 连杆1位置控制定义

2. 三轴气缸机械手定义执行器

添加执行器。在该机构中需要为"夹爪1"滑动副、"滑台上下"滑动副、"滑台左右"添加位置控制。图3-57~图3-59所示为各滑动副位置控制的定义。

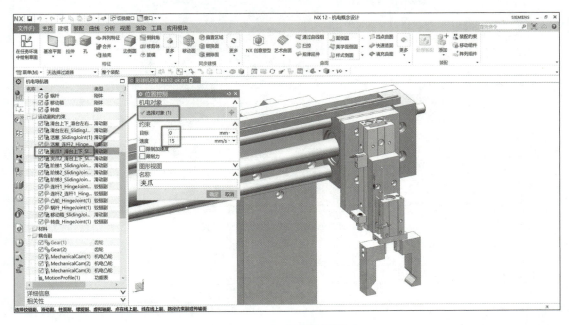

图3-57 夹爪位置控制定义

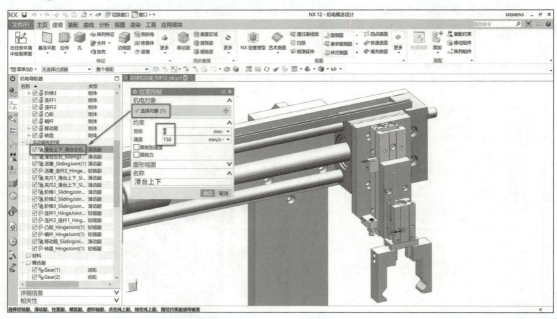

图 3 – 58　滑台上下位置控制定义

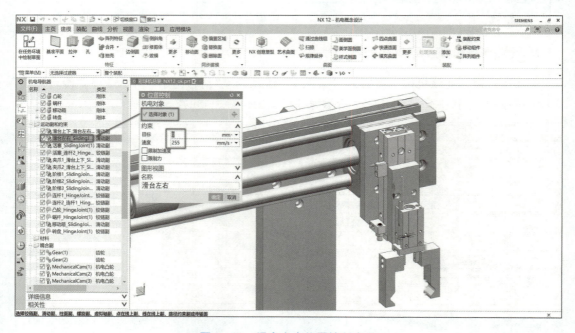

图 3 – 59　滑台左右位置控制定义

3. 机械凸轮机构执行器

添加执行器。为凸轮铰链副添加速度控制。图 3 – 60 所示为凸轮铰链副速度控制定义。

126

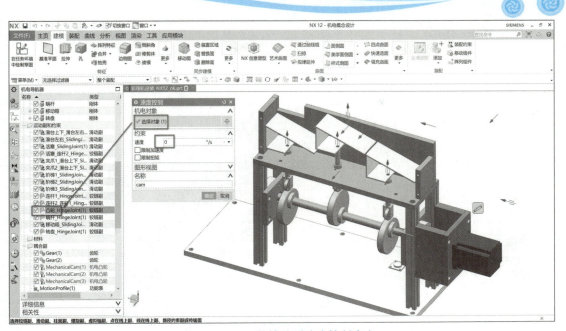

图 3 – 60 凸轮铰链副速度控制定义

4. 传送带机构

添加碰撞传感器，用于检测彩球到达传送带位置。图 3 – 61 所示为碰撞传感器定义。

图 3 – 61 碰撞传感器定义

添加传输面。图 3 – 62 所示为传输面定义。

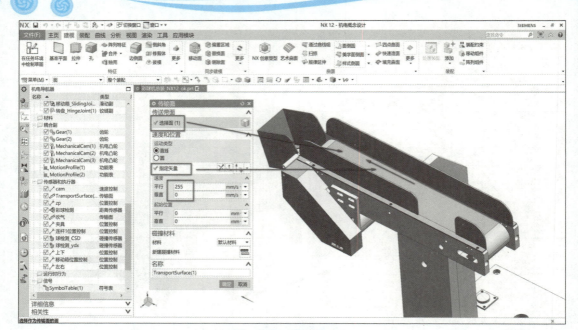

图 3 – 62　传输面定义

5. 丝杆送料机构定义执行器和传送带

添加执行器。在该机构中需要为"移动箱"滑动副添加位置控制。图 3 – 63 所示为移动箱位置控制定义。

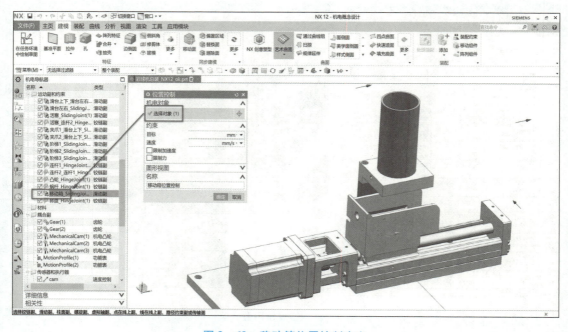

图 3 – 63　移动箱位置控制定义

添加传输面，用于将彩球冲向转盘处。图3-64所示为传输面的定义。

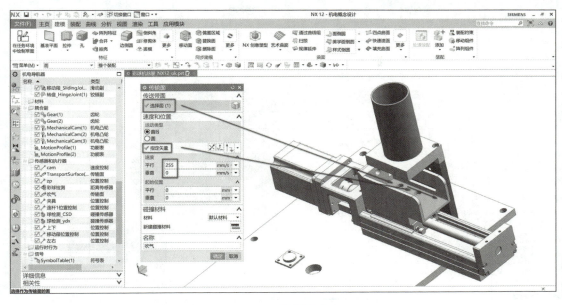

图3-64 传输面定义

6. 转盘送料机构定义执行器和耦合副

创建蜗杆和转盘铰链副，使其具备运动的物理属性。在该机构中，需要创建两个铰链副，对话框属性定义如图3-65和图3-66所示。

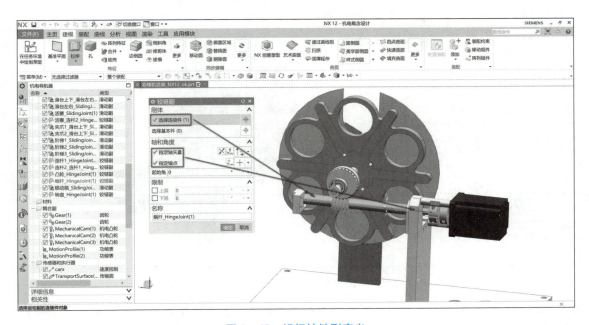

图3-65 蜗杆铰链副定义

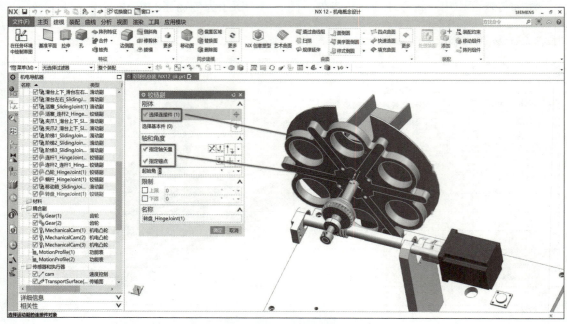

图 3 – 66　转盘铰链副定义

添加耦合副蜗轮蜗杆，如图 3 – 67 所示。

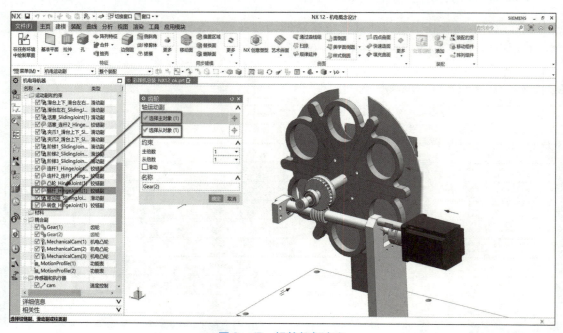

图 3 – 67　蜗轮蜗杆定义

添加执行器。在该机构中需要为"蜗杆"铰链副添加位置控制。图 3 – 68 所示为蜗杆位置控制定义。

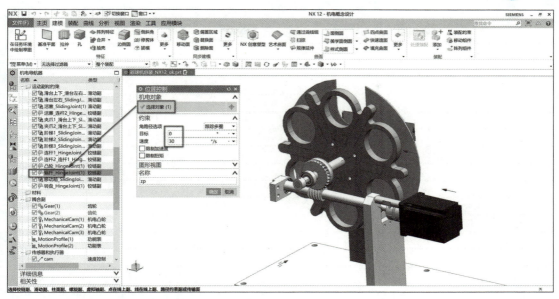

图 3 – 68　蜗杆位置控制定义

学习情境四
仿真序列与控制

学习情境描述

　　仿真序列可以操控信号及执行器，可以在仿真序列里编写控制逻辑，代替外部 PLC 控制程序，控制彩球循环输送设备的运行，实现基于"内部 PLC"的设备调试过程。（本章节并非虚拟调试的必要步骤，在没有 PLC 硬件或者 PLC 仿真器的前提下也可实现设备的调试）

学习目标

【知识目标】

1. 了解 MCD 中信号和信号适配器的概念。
2. 掌握 MCD 逻辑信号的构建。
3. 了解仿真序列、基于时间、基于事件仿真机制的概念。
4. 掌握仿真序列的创建。

【能力目标】

1. 能够完成彩球循环输送设备相关输入输出信号的定义。
2. 能够正确创建序列，通过序列操作执行机构。
3. 能够通过序列控制彩球循环输送设备的运行。

【素质目标】

1. 具备爱专研、懂变通、善于分析、大胆猜想的思想。
2. 养成安全、文明、规范的职业行为。

【思政目标】

1. 具备正确的政治信念、良好的职业道德与不断创新的科学观。
2. 培养合作共赢的团队精神。
3. 培养敬业、精业的工匠精神。

任务书

　　根据彩球循环输送设备的工作原理，结合对信号、信号适配器以及仿真序列的使用方法，完成彩球循环输送设备仿真序列（控制逻辑）的编写，通过仿真序列控制彩球循环输送设备的运行。

 任务分组

表 4-1　学生任务分配表

班级		组号		指导老师	
组长		学号			
组员	姓名	学号		姓名	学号
任务分工	姓名	负责工作			

 获取资讯（课前自学）

　　引导问题1：本任务是实现彩球循环输送设备的运动仿真，查阅资料了解并说明运动仿真软件的常见运动仿真实现机制。（提示：描述基于时间和基于事件仿真机制的区别）

_____

_____

_____

_____

_____

工作计划(课中实训)

引导问题2：本任务的内容都包含哪些？制作各部分的计划表。

进度 内容	信号 计划完成时间/min	仿真序列 计划完成时间/min

引导问题3：本任务在仿真软件里都需要创建哪些类型的信号？哪些需要设置为输入？哪些需要设置为输出？

信号名称	信号类型	信号作用	所属分组

引导问题4：本任务在仿真软件里都需要创建哪些仿真？如何合理分组？序列关联的信号和执行器都有哪些？

序列名称	序列作用	关联信号	关联执行器

续表

序列名称	序列作用	关联信号	关联执行器

 进行决策（课中实训）

引导问题5：分组讨论应该建立哪些类型的传感器和信号，信号如何分组。

信号名称	信号类型	信号作用	所属分组

引导问题6：分组讨论应该建立哪些序列，序列应该如何连接才能实现彩球机运动控制逻辑。

序列名称	序列作用	关联信号	关联执行器

_____

_____

_____

_____

工作实施（课中实训）

引导问题7：操作实施步骤如何？各阶段时间分配情况如何？在实施过程中遇到哪些问题？如何解决？

实施步骤	预计时间	是否超时	问题	解决方法

课后思考与练习

理论题

1. _____是 MCD 的控制元素，可以通过_____控制 MCD 中的任何对象。
2. 在一个信号适配器中包含_____和_____。

操作题

在文件彩球机总装_NX12_序列仿真模型 . prt 上完成彩球循环输送设备仿真序列（控制逻辑）的编写，通过仿真序列控制彩球循环输送设备的运行。

小提示（知识链接）

一、信号及信号适配器

1. 信号概念

在机电一体化概念设计 NX MCD 组件模型中，信号（Signal）用于运动控制与外部的信息交互，它有输入和输出两种信号类型。其中，输入信号是外部设备输入到 MCD 模型的信号，输出信号则是 MCD 模型输出到外部设备的信号。

将信号连接到 MCD 对象，以控制运行时参数或者输出运行时参数状态。可以创建布尔型、整数型和双精度型信号。利用信号可以在 MCD 内部控制机械运动，也可以将这些 MCD 信号用于跟外部信号的数据交换。

2. 信号适配器概念

信号适配器（Signal Adapter）的作用是通过对数据的判断或者处理，为 MCD 对象提供新的信号，以支持对运动或者行为的控制，新的信号也能够输出到外部设备或其他 MCD 模型中。从某种程度上讲，信号适配器可以看作一种生成信号的形成逻辑组织管理方式，由它提供的数据参与到运算过程中，获得计算结果后产生新的信号，把新信号通过输出连接传送给外界或者 NX MCD 模型系统中去。

3. 创建信号

在主页"电气"中单击"信号"，弹出如图 4 - 1 所示的对话框。

信号设置内容包括下面 3 个方面：

①连接运行时参数：勾选表示信号与 MCD 对象直接关联，取消勾选表示信号不与任何 MCD 对象有直接关联。

②选择机电对象：当 1 勾选上之后选择机电对象，这里可以指定。参数名称可在下拉框中进行选择。

IO 类型：可以设置为"输入"或"输出"。

数据类型：可以设置为"布尔型""整形"或"双精度型"。

初始值：布尔型可设置为"False"或"True"。

③名称：用户可以自己指定信号名称，或者从下拉菜单中选择信号名称。

图 4 - 1　【信号】对话框

4. 创建信号适配器

如图 4 - 2 所示，在【机电导航器】中，右击【信号】选项，在弹出的菜单中单击【创建机电对象】→【信号适配器】命令，系统弹出如图 4 - 3 所示的【信号适配器】对话框。

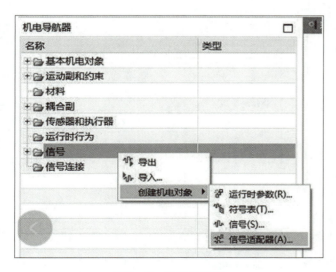

图 4 - 2　机电导航器

图 4 - 3　【信号适配器】对话框

信号适配器设置内容包括下面 4 个方面：

①参数：选择机电对象→选择参数名称→添加参数。

②信号：添加信号→指定或选择信号名称→指定数据类型→指定输入、输出→指定单位。

③公式：勾上参数或者信号之后，输入参数和信号之间的关系公式。

④指定信号适配器的名称。

二、仿真序列

1. 仿真序列的概念

仿真序列是 NX MCD 中的控制元素，通常使用仿真序列来控制执行机构（如速度控制中的速度、位置控制中的位置等）、运动副（如移动副的连接件）等。除此以外，在仿真序列中还可以创建条件语句来确定何时触发改变。

NX MCD 中的仿真序列有两种基本类型：基于时间的仿真序列和基于事件的仿真序列。

2. 创建仿真序列

创建仿真序列有三种方法，①创建仿真序列的工具栏命令按钮为 ；②菜单：插入→过程→仿真序列；③在"序列编辑器"中的 root 处右击，在弹出的菜单中单击【添加仿真序列】命令。【仿真序列】对话框如图 4-4 所示。

①类型：有 2 个类型可选，一个是仿真序列选项，创建一个仿真序列来动态控制 MCD 对象；另外一个是暂停仿真序列选项，创建一个暂停仿真序列在特定时间或者条件下暂停仿真。

②选择对象：选择需要控制的 MCD 对象，如执行器（速度控制、位置控制）和运动副（滑动副、铰链副）。

③持续时间：设置仿真序列执行的时间，指定该仿真序列的持续时间。

④运行时参数：显示所选择的机电对象可以修改的参数。对于需要修改的参数需要先勾上复选框，然后输入设置的值。

⑤条件：指定仿真序列运行的条件，这里用户可以选择不同的参数和运算符。同时也允许用户组合多个条件，用于控制这个仿真序列是否执行。

⑥定义仿真序列的名称。

图 4-4 【仿真序列】对话框

评价反馈

个人自评打分表、小组自评打分表、教师评价表如表 4-2～表 4-4 所示。

表 4-2　个人自评打分表

班级		组名		日期	年　月　日
评价指标	评价内容			分数	分数评定
概念理解	能否准确描述： 1. 信号的类型、信号适配器的作用 2. 基于时间和基于事件仿真机制的差别 3. 仿真序列的作用			10 分	
操作实践	是否完成以下工作： 1. 彩球机设备相关的信号命名和定义：名义是否合理、信号是否有遗漏、信号类型是否存在错误 2. 在仿真序列里编写彩球机的控制逻辑：各仿真序列定义是否正确（参数和被控对象）、播放仿真彩球机能否实现预期的执行动作			10 分	
参与态度	积极主动参与工作；与教师、同学之间是否相互尊重、理解、平等；与教师、同学之间是否能够保持多向、丰富、适宜的信息交流			10 分	
	探究式学习、自主学习不流于形式，处理好合作学习和独立思考的关系，做到有效学习；能提出有意义的问题或能发表个人见解；能按要求正确操作；能够倾听别人意见、协作共享			10 分	
学习方法	学习方法得体，有工作计划；操作技能是否符合规范要求；是否能按要求正确操作；是否获得了进一步学习的能力			10 分	
工作过程	平时上课的出勤情况和每天完成工种任务情况；善于多角度分析问题，能主动发现、提出有价值的问题			15 分	
思维态度	是否能发现问题、提出问题、分析问题、解决问题、创新问题			10 分	
自评反馈	按时按质完成工作任务；较好地掌握专业知识点；具有较强的问题分析能力和理解能力；具有较为全面严谨的思维能力并能条理清楚明晰表达成文			25 分	
个人自评分数					
有益的经验和做法					
总结反馈建议					

表 4-3 小组自评打分表

班级		组名		日期	年　月　日
评价指标	评价内容			分数	分数评定
概念理解	能否准确描述： 1. 信号的类型、信号适配器的作用 2. 基于时间和基于事件仿真机制的差别 3. 仿真序列的作用			10 分	
操作实践	是否完成以下工作： 1. 彩球机设备相关的信号命名和定义：名义是否合理、信号是否有遗漏、信号类型是否存在错误 2. 在仿真序列里编写彩球机的控制逻辑：各仿真序列定义是否正确（参数和被控对象）、播放仿真彩球机能否实现预期的执行动作			10 分	
参与态度	积极主动参与工作；与教师、同学之间是否相互尊重、理解、平等；与教师、同学之间是否能够保持多向、丰富、适宜的信息交流			10 分	
	探究式学习、自主学习不流于形式，处理好合作学习和独立思考的关系，做到有效学习；能提出有意义的问题或能发表个人见解；能按要求正确操作；能够倾听别人意见、协作共享			10 分	
学习方法	学习方法得体，有工作计划；操作技能是否符合规范要求；是否能按要求正确操作；是否获得了进一步学习的能力			10 分	
工作过程	平时上课的出勤情况和每天完成工种任务情况；善于多角度分析问题，能主动发现、提出有价值的问题			15 分	
思维态度	是否能发现问题、提出问题、分析问题、解决问题、创新问题			10 分	
自评反馈	按时按质完成工作任务；较好地掌握专业知识点；具有较强的问题分析能力和理解能力；具有较为全面严谨的思维能力并能条理清楚明晰表达成文			25 分	
小组自评分数					
有益的经验和做法					
总结反馈建议					

表 4 – 4　教师评价表

班级		组名		姓名	
出勤情况					
评价内容	评价要点	考察要点		分数	分数评定
1. 任务描述、接受任务	口述内容细节	1. 表述仪态自然、吐字清晰		5 分	
		2. 表达思路清晰、层次分明、准确			
2. 任务分析、分组情况	依据引导分析任务分组分工	1. 分析任务关键点准确		5 分	
		2. 涉及概念知识回顾完整，分组分工明确			
3. 制订计划	信号命名及定义	命名规则、信号类型、信号适配器命名、信号分组		5 分	
	序列定义及连接	序列命名、序列创建顺序、序列分组、序列连接		10 分	
4. 计划实施	操作前准备	1. 前置场景文件是否准备充分（需要在完成场景五的基础上开展工作）		10 分	
		2. 任务分工表是否填写完整			
		3. 操作步骤是否填写完整			
	操作实践	1. 正确创建、命名、分组信号		10 分	
		2. 正确创建、命名、分组序列		10 分	
		3. 仿真序列组织逻辑合理，能正确控制彩球机运行		20 分	
	现场恢复	1. 软件程序是否退出、电脑主机及显示器是否关机		3 分	
		2. 桌椅、图书、鼠标键盘恢复整理		2 分	
5. 成果检验	操作完成程度	能否实现预期的运行结果		5 分	
		信号的命名、定义、分组			
		序列的命名、定义、分组			
6. 总结	任务总结	1. 依据自评分数		2 分	
		2. 依据互评分数		3 分	
		3. 依据个人总结评分报告		10 分	
合　计				100 分	

参考操作

一、创建信号适配器及信号

创建活塞顶升机构
信号适配器

按机构创建信号适配器，并在信号适配器中创建相应的信号。创建信号的过程如下：

Step1　在新创建的【信号适配器】对话框中，设置【选择机电对象】为"连杆1位置控制"，【参数对象】为【定立】。单击【添加】按钮，把该【位置控制】选入参数列表中，修改参数的别名为 piston。添加一个输入信号，修改名称为 piston_output，数据类型为布尔型，初始值为 false；选中变量的【指派为】，把变量选入到【公式】组，为变量添加公式表达式：piston：if(piston_output)Then(180)Else(0)。名称修改为"活塞顶升机构"如图4-5所示。

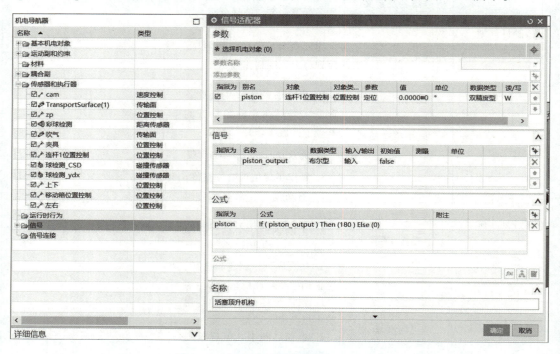

图4-5　创建活塞顶升机构信号适配器

Step2　在新创建的【信号适配器】对话框中，设置【选择机电对象】分别为"夹具""上下"和"左右"，【参数对象】均为【定位】。每选择一个机电对象单击一次【添加】按钮，把三个【位置控制】选入参数列表中，修改参数的别名分为 Fixtrue、up_and_down、left_and_right。添加三个输入信号，修改名称分别为 Fixtrue_output、up_and_down_output、left_and_right_output，数据类型均为布尔型，初始值均为 false；选中变量的【指派为】，把变量选入到【公式】组。

为变量添加公式表达式：

Fixtrue：if （Fixtrue_output）Then（3）　Else（-1）

144

up_and_down：if （up_and_down_output）Then（58）　Else（0）

left_and_right：if （left_and_right_output）Then（251）　Else（0）

名称修改为"三轴气缸机械手机构"如图4－6所示。

创建三轴气缸机械
手机构信号适配器

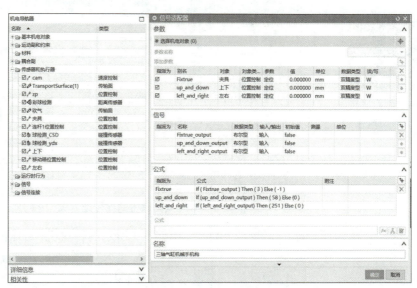

图4－6　创建活三轴气缸机械手机构信号适配器

Step3　按前面Step1和Step2，创建如图4－7所示的丝杆机构的信号适配器及信号。

创建丝杠机机构
信号适配器

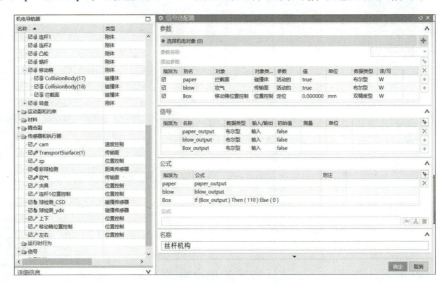

图4－7　创建丝杆机构的信号适配器

Step4　按前面Step1和Step2，创建如图4－8所示的凸轮机构的信号适配器及信号。

创建凸轮机构
信号适配器

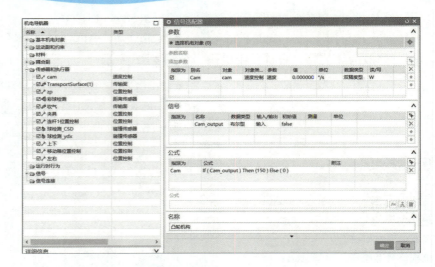

图4-8　创建凸轮机构的信号适配器

Step5　按前面 Step1 和 Step2，创建如图4-9所示的转盘机构的信号适配器及信号。

创建转盘机构
信号适配器

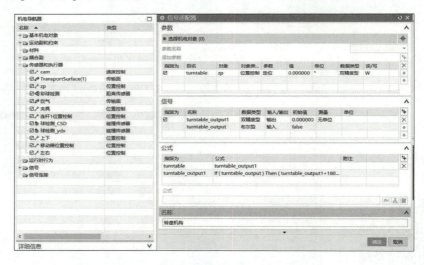

图4-9　创建转盘机构的信号适配器

完成信号列表如图4-10所示。

二、创建仿真序列

在前面几节我们已经建好所需的机电对象，最后我们需要用仿真序列来控制这些机电对象，建立仿真序列一般以运动原理分析的运动顺序来依次创建对应的控制对象，这样便于我们建好序列后的链接工作，当然也可以边建立仿真序列边进行链接。接下来我们依次建立好仿真序列并对每条仿真序列进行说明。

图4-10　信号列表

146

创建彩球机仿真序列

Step1 添加第 1 条仿真序列，机电对象为空，时间为 0.5 s，条件对象选择"彩球检测传感器"。该仿真序列用于在彩球被传感器检测到时延时 0.5 s 后在触发顶升动作，延时时间可根据实际情况修改，如图 4 - 11 所示。

图 4 - 11 创建第 1 条仿真序列

Step2 添加第 2 条仿真序列，机电对象选择信号适配器，时间为 1 s，在运行时参数框中找到名为"piston_out"的信号，在其前的复选框中打钩√，在值处选择"true"。条件对象为空。该仿真序列用于在彩球被传感器检测到时延时 0.5 s 后执行该条仿真序列，控制活塞的信号为 1，顶升开始动作，如图 4 - 12 所示。

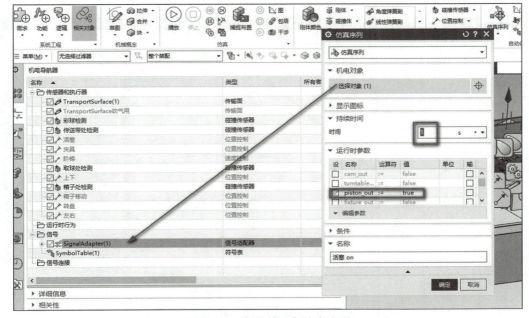

图 4 - 12 创建第 2 条仿真序列

Step3　添加第 3 条仿真序列，机电对象选择信号适配器，时间为 1 s，在运行时参数框中找到名为"updown_out"的信号，在其前的复选框中打钩√，在值处选择"true"。条件对象为空。该仿真序列用于在彩球被顶升到位后执行该条仿真序列，控制滑台气缸上下的信号为 1，滑台向下动作，如图 4 – 13 所示。

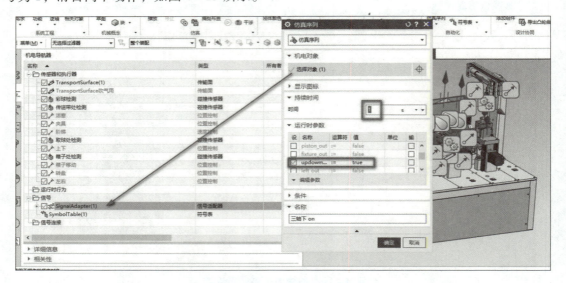

图 4 – 13　创建第 3 条仿真序列

Step4　添加第 4 条仿真序列，机电对象选择信号适配器，时间为 1 s，在运行时参数框中找到名为"piston_out"的信号，在其前的复选框中打钩√，在值处选择"false"。条件对象为空。该仿真序列用于在彩球被夹取完成后复位活塞，控制活塞运动的信号为 0，活塞复位，如图 4 – 14 所示。

图 4 – 14　创建第 4 条仿真序列

Step5　添加第 5 条仿真序列，机电对象选择信号适配器，时间为 1 s，在运行时参数框中找到名为"fixture_out"的信号，在其前的复选框中打钩√，在值处选择"true"。条件对象为空。该仿真序列用于夹取彩球，在滑台向下运动到位后，控制夹具的信号为 1，执行夹取动作，如图 4-15 所示。

图 4-15　创建第 5 条仿真序列

Step6　添加第 6 条仿真序列，机电对象选择信号适配器，时间为 1 s，在运行时参数框中找到名为"updown_out"的信号，在其前的复选框中打钩√，在值处选择"false"。条件对象为空。该仿真序列用于复位滑台上下气缸，控制滑台上下运动的信号为 0，执行复位动作，如图 4-16 所示。

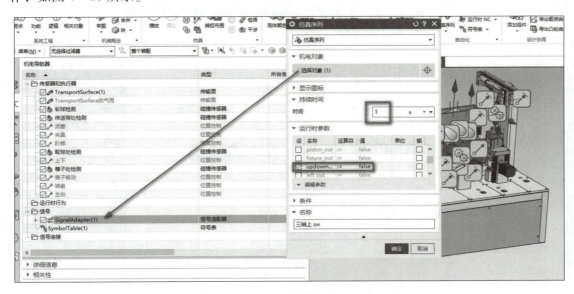

图 4-16　创建第 6 条仿真序列

Step7　添加第 7 条仿真序列，机电对象选择信号适配器，时间为 1.5 s，在运行时参数框中找到名为"left_out"的信号，在其前的复选框中打钩√，在值处选择"true"。条件对象为空。该仿真序列用于置位滑台左右气缸，控制滑台气缸左右运动的信号为 1，执行动作，如图 4-17 所示。

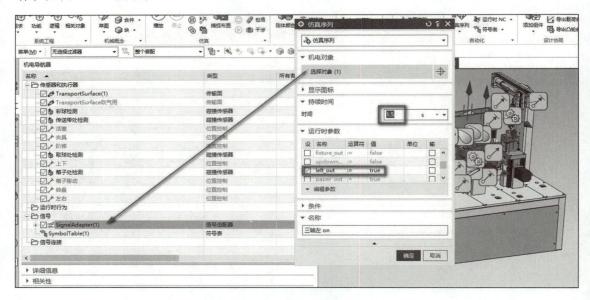

图 4-17　创建第 7 条仿真序列

Step8　添加第 8 条仿真序列，机电对象选择信号适配器，时间为 0.5 s，在运行时参数框中找到名为"fixture_out"的信号，在其前的复选框中打钩√，在值处选择"false"。条件对象为空。该仿真序列用于释放彩球，控制夹具的信号为 0，执行释放动作，如图 4-18 所示。

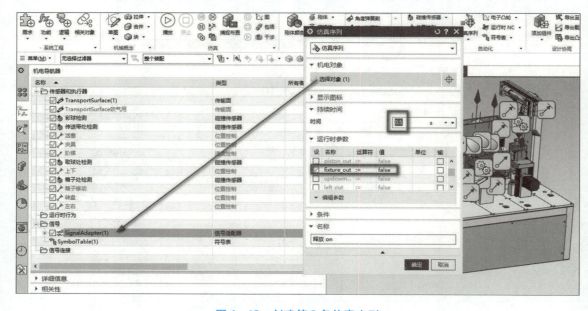

图 4-18　创建第 8 条仿真序列

Step9　添加第9条仿真序列，机电对象选择信号适配器，时间为0.5 s，在运行时参数框中找到名为"cam_out"的信号，在其前的复选框中打钩√，在值处选择"true"。条件对象为空。该仿真序列用于启动凸轮，控制凸轮动作的信号为1，执行凸轮动作，如图4-19所示。

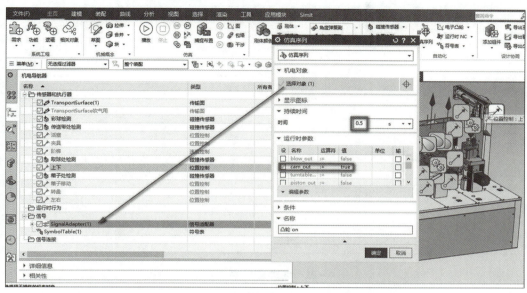

图4-19　创建第9条仿真序列

Step10　添加第10条仿真序列，机电对象为空，时间为0.5 s，条件对象选择"传送带处彩球检测"传感器。该仿真序列用于延时关闭凸轮，计时完成后控制凸轮动作的信号为0，执行凸轮停止动作，如图4-20所示。

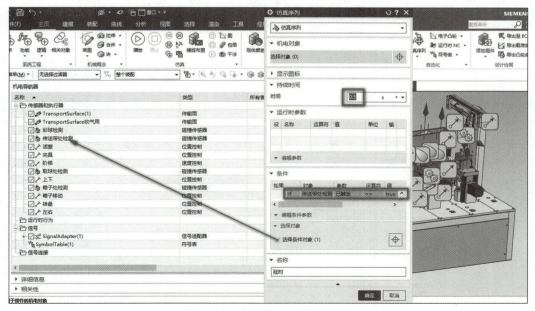

图4-20　创建第10条仿真序列

Step11　添加第 11 条仿真序列，机电对象选择信号适配器，时间为 0 s，在运行时参数框中找到名为"cam_out"的信号，在其前的复选框中打钩√，在值处选择"false"。条件对象为空。该仿真序列用于停止凸轮动作，控制凸轮动作的信号为 0，如图 4 – 21 所示。

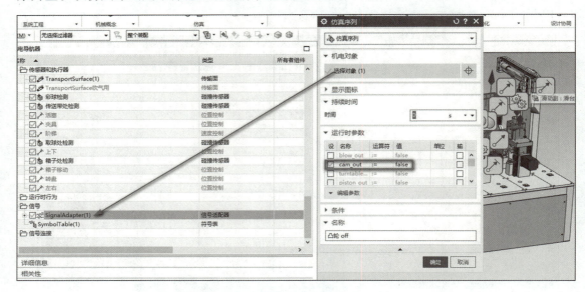

图 4 – 21　创建第 11 条仿真序列

Step12　添加第 12 条仿真序列，机电对象为空，时间为 0.5 s，条件对象选择"箱子处检测"传感器。该仿真序列用于延时启动移动箱，计时完成后控制移动箱动作的信号为 1，执行移动箱动作，如图 4 – 22 所示。

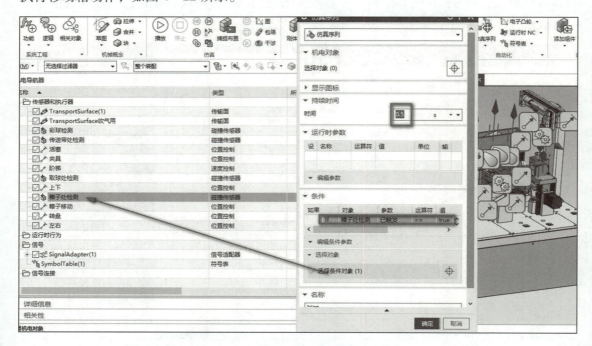

图 4 – 22　创建第 12 条仿真序列

Step13　添加第 13 条仿真序列，机电对象选择信号适配器，时间为 0 s，在运行时参数框中找到名为"box_out"的信号，在其前的复选框中打钩√，在值处选择"true"。条件对象为空。该仿真序列用于启动移动箱动作，控制移动箱动作的信号为 1，如图 4-23 所示。

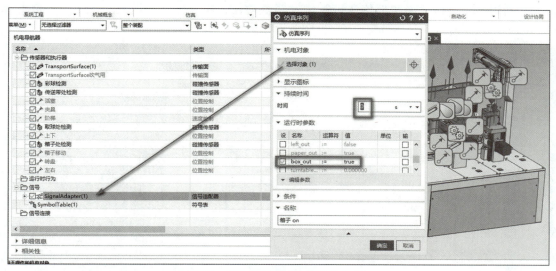

图 4-23　创建第 13 条仿真序列

Step14　添加第 14 条仿真序列，机电对象选择信号适配器，时间为 2 s，在运行时参数框中找到名为"blow_out"和"paper_out"的信号，在其前的复选框中打钩√，在值处信号"blow_out"选择"true"，信号"paper_out"选择"false"。条件对象选择移动箱滑动副，参数为位置，运算符为 ==，值为 103。该仿真序列用于启动移动箱底部传送带已经抑制拦截面，使彩球顺利送至转盘孔，如图 4-24 所示。

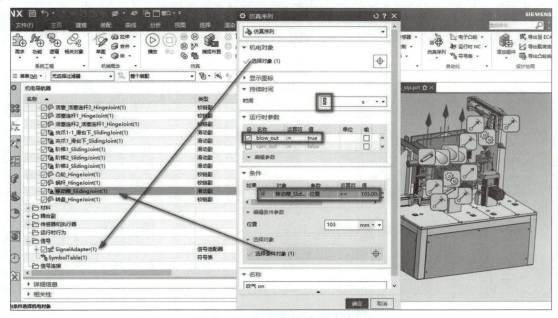

图 4-24　创建第 14 条仿真序列

Step15　添加第 15 条仿真序列，机电对象选择信号适配器，时间为 0.001 s，在运行时参数框中找到名为"blow_out"和"turntable_out"的信号，在其前的复选框中打钩√，在值处信号"blow_out"选择"false"，信号"turntable_out"选择"true"。条件对象为空。该仿真序列用于复位移动箱底部传送带和触发转盘动作，使彩球顺利送至转盘上方，以此循环，如图 4 – 25 所示。

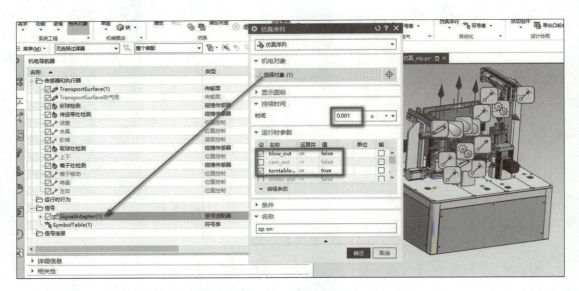

图 4 – 25　创建第 15 条仿真序列

Step16　添加第 16 条仿真序列，机电对象选择信号适配器，时间为 0 s，在运行时参数框中找到名为"turntable_out"的信号，在其前的复选框中打钩√，在值处选择"false"。条件对象为空。该仿真序列用于停止转盘动作，控制转盘动作的信号为 0，如图 4 – 26 所示。

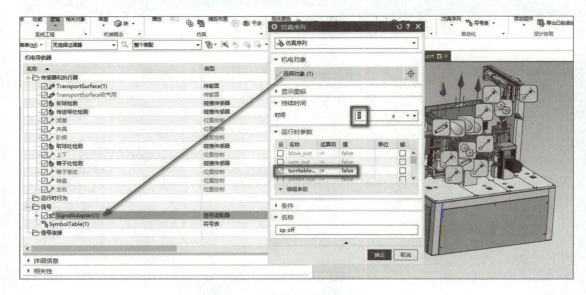

图 4 – 26　创建第 16 条仿真序列

154

Step17　添加第17条仿真序列，机电对象选择信号适配器，时间为0 s，在运行时参数框中找到名为"left_out"的信号，在其前的复选框中打钩√，在值处选择"false"。条件对象为空。该仿真序列用于复位滑台气缸左右动作，控制滑台气缸左右动作的信号为0，如图4 – 27所示。

图4 – 27　创建第17条仿真序列

三、仿真序列的链接

在前面我们已经建好所有的仿真序列，接下来需要给这些仿真序列创建链接器，以此来确定它们之间的执行的先后顺序，进而控制整个仿真的逻辑关系。在该设备中，主要根据设备的工艺流程进行链接，如图4 – 28所示。

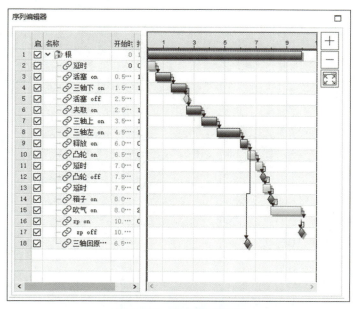

图4 – 28　仿真序列链接

学习情境五
虚拟调试学习项目案例

学习情境描述

　　PLC 仿真器可以接收彩球循环输送设备数字模型中的传感器输入信号，并将输入信号进行逻辑运算，通过输出信号操控 MCD 中的执行器，从而控制彩球循环输送设备的运行，实现基于软件的在环虚拟调试。

学习目标

【知识目标】

1. 掌握 MCD 与外部 PLC 通信方式的选择与设置。
2. 掌握球循环输送设备数字模型与 PLC 之间的信号映射。
3. 掌握基于软件的在环虚拟调试方法。

【能力目标】

1. 能够完成 PLC 信号的创建及控制程序的编写。
2. 能够完成 MCD 与外部 PLC 通信方式的设置。
3. 能够完成彩球循环输送设备数字模型与 PLC 之间的信号映射。
4. 能够通过 PLC 仿真器控制彩球循环输送设备的运行，实现虚拟调试。

【素质目标】

1. 具备爱专研、懂变通、善于分析、大胆猜想的思想。
2. 养成安全、文明、规范的职业行为。

【思政目标】

1. 具备正确的政治信念、良好的职业道德与不断创新的科学观。
2. 培养合作共赢的团队精神。
3. 培养敬业、精业的工匠精神。

任务书

理解彩球循环输送设备的工作原理，编写彩球循环输送设备的 PLC 控制程序；在 MCD 中设置通信方式，完成 PLC 输入输出信号与 MCD 中传感器信号、执行器控制信号的映射；通过 PLC 仿真器完成彩球循环输送设备的虚拟调试。

任务分组

学生任务分配表如表 5 – 1 所示。

表 5 – 1　学生任务分配表

班级		组号		指导老师	
组长		学号			
组员	姓名	学号		姓名	学号
任务分工	姓名	负责工作			

获取资讯（课前自学）

引导问题 1：本任务是实现彩球循环输送设备的软件在环调试，查阅资料了解 MCD 和 PLC 硬件及 PLC 仿真器之间的通信接口有哪些，并说明各自应用特点。

_____

_____

_____

_____

_____

工作计划(课中实训)

引导问题2：本任务的内容都包含哪些？制作各部分的计划表。

进度 内容	PLC 逻辑编写 计划完成时间/min	通信设置及信号映射 计划完成时间/min	虚拟调试 计划完成时间/min

引导问题3：本任务涉及哪些输入输出信号？写出 MCD 中传感器和执行器信号与 PLC 输入输出信号的对应关系，包括信号名称、信号类型、数据类型、信号地址。

MCD 信号名称	PLC 信号名称	信号类型	数据类型	PLC 地址

引导问题 4：本任务 PLC 控制程序可以分为哪几部分？写出各控制程序之间的调用关系。（提示：顺序控制器控制、FC 块的调用）

_____

_____

_____

_____

_____

进行决策（课中实训）

引导问题 5：分组讨论 PLC 仿真器和 MCD 数字模型通信方式应该如何选择。

_____

_____

_____

_____

_____

引导问题 6：分组讨论 MCD 中的输入输出信号与 PLC 输入输出信号的对应关系如何。

MCD 信号名称	PLC 信号名称	信号类型	数据类型	PLC 地址

续表

MCD 信号名称	PLC 信号名称	信号类型	数据类型	PLC 地址

 工作实施（课中实训）

引导问题 7：操作实施步骤如何？各阶段时间如何分配？在实施过程中遇到哪些问题？如何解决？

实施步骤	预计时间	是否超时	问题	解决方法

课后思考与练习

理论题

简述 TIA + PLCSIM Advanced 软件在环虚拟调试的流程。

操作题

1. 在 TIA 博图软件上编写控制程序。

2. 在文件彩球机总装_NX12_PLC 虚拟仿真操作题模型 . prt 上完成在 MCD 中设置通信方式，完成 PLC 输入输出信号与 MCD 中传感器信号、执行器控制信号的映射；通过 PLC 仿真器完成彩球循环输送设备的虚拟调试。

小提示（知识链接）

1. 基于软件在环、基于硬件在环的虚拟调试概念

（1）硬件在环虚拟调试是指控制部分用可编程逻辑控制器（PLC），机械部分均使用虚拟三维模型，在"虚—实"结合的闭环反馈回路中进行程序编辑与验证的调试。

（2）软件在环虚拟调试是指控制部分与机械部分均采用虚拟部件，在虚拟 PLC 及其程序控制下组成的"虚—虚"结合的闭环反馈回路中进行程序编辑与验证的调试。

2. 彩球循环输送设备的工作过程

活塞顶升机构：设备准备就绪时，当人工放置一个彩球在滑槽处，彩球顺势沿滑槽滑落至活塞处，光电传感器检测到彩球到位，延时 5 s 后触发活塞顶升动作，从而将彩球运送到三轴气缸机械手 – Z 正下方。

气缸三轴机械手机构：当彩球经活塞顶升到位时，触发三轴气缸机械手 – Z 向下运动，运动到位后气爪执行抓取动作，抓取完成后机械手 – Z 复位，随后机械手 – X 向左运动至机械凸轮结构上方，最后气爪松开释放彩球，三轴机械手回至初始位等待。

机械凸轮机构：当三轴气缸机械手将彩球释放至机械凸轮机构导向盘处时，触发凸轮动作，使得上方导向盘上下周期性运动从而将彩球运送到传送带机构。

传送带机构：在机械凸轮机构将彩球运送至传送带上前，提前触发传送带运动将其运送至丝杆送料机构装载箱，避免因惯性导致彩球往后掉落。

丝杆送料机构：当彩球经传送带掉落至转载箱时，触发丝杆机构运动至转盘前，等待 2 s 后将彩球吹进转盘。

转盘送料机构：当彩球在转盘上时，触发转盘转动，总转动度数为 180°，分三次触发，一次触发转动 60°，从而将彩球送回至滑槽处。

3. MCD 输入信号、MCD 输出信号、PLC 输入信号、PLC 输出信号

在虚拟调试中 PLC 输出信号作为 MCD 的输入信号，用来控制执行器；在虚拟调试中 PLC 的输入信号是 MCD 的输出信号，其为传感器发出的信号。

4. MCD 通信接口

NX12 的通信接口有 8 种，分别是 PLCSIM_Adv、OPC DA、OPC UA、SHM、MATLAB、TCP、UDP 和 PROFINET，如图 5-1 所示。本次虚拟调试使用通信是 PLCSIM_Adv。PLCSIM Adv 即 PLCSIM Advanced，是西门子开发的应用于虚拟调试的仿真软件，支持 1500 和 ET200 系列 PLC。

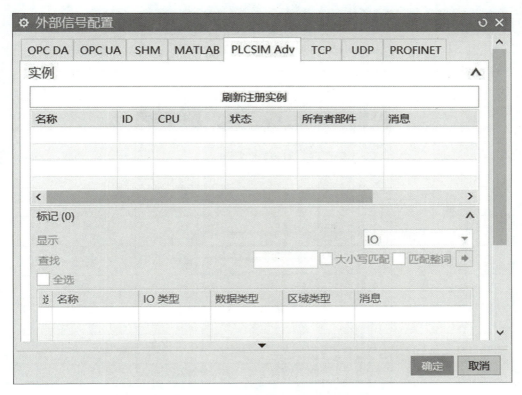

图 5-1 【外部信号配置】对话框

5. TIA + PLCSIM Advanced 软件在环虚拟调试的操作步骤

1）使用博途 TIA 软件来组态 PLC，PLC 仿真器采用的是 PLCSIM Advanced 代替真实 PLC 硬件，而 PLCSIM Advanced 由于只能仿真 1500 与 ET200 的 PLC，因此此情景中组态时我们选择 1500PLC 作为虚拟调试的控制器。

在选择好控制器后，右击左侧"项目树"中的"项目名"选项，在弹出的菜单中单击"属性"命令，系统弹出项目对话框。在该对话框中保护项目下选中"块编译时支持仿真"复选框，然后单击"确定"按钮，如图 5-2 所示。

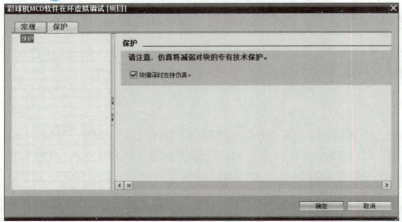

图 5-2　选择【块编译时支持仿真】复选框

2）启动 S7-PLCSIM Advanced，创建实例名称为"MCD"，启动并激活该实例；把博途 TIA 中的 PLC 下载到该实例中，如图 5-3 所示。

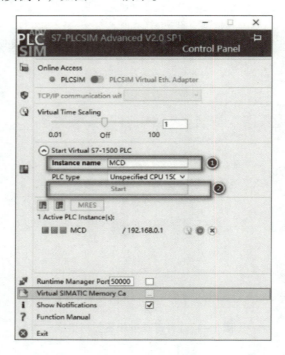

图 5-3　S7-PLCSIM Advanced 登录界面

3）创建 PLC 变量和编写 PLC 程序，编译下载程序到设备。

4）在 NX MCD 中完成外部信号配置。

①配置 PLC 中的信号至 MCD 中。在 MCD "自动化"工具栏上单击"外部信号配置"，在弹出的对话框中单击"PLCSIM Adv"，然后单击"刷新注册实例"，出现 MCD 实例，下一步显示中选择"IOMDB"，接下来选中"全选"复选框，然后单击"确定"按钮，如图 5-4 所示。

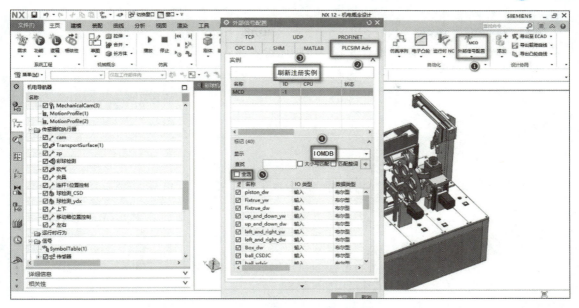

图 5 - 4　【外部信号适配器】选择设置

②完成 PLC 变量和 NX MCD 信号的连接即信号映射。在 MCD "自动化"工具栏上单击"信号映射",在弹出的对话框中"类型"选择为"PLCSIM Adv","PLCSIM Adv"实例选择"MCD",然后单击"执行自动映射",映射完成后单击"确定"按钮,如图 5 - 5 所示。

图 5 - 5　【信号映射】选择设置

③进行仿真测试,在博途 TIA 软件上,单击工具栏中的"转至在线"命令按钮,并监视所有变量;在 NX MCD 软件上,单击"仿真"工具栏中的"播放"命令按钮,即可进行仿真。

评价反馈

个人自评打分表、小组自评打分表、教师评价表如表 5-2~表 5-4 所示。

表 5-2　个人自评打分表

班级		组名		日期	年　　月　　日	
评价指标	评价内容			分数	分数评定	
概念理解	能否准确描述： 1. MCD 外部通信方式类型 2. 基于软件在环和基于硬件在环虚拟调试 3. 信号映射的作用 4. MCD、PLC 输入输出信号关系			10 分		
操作实践	是否完成以下工作： 1. 彩球机设备相关 PLC 逻辑编写：输入输出信号名称是否定义合理、程序结构是否合理 2. MCD 通信设置和信号映射：是否选择了合理的通信方式、信号映射是否正确 3. 基于软件在环彩球机的虚拟调试：设备能否按预期运行			10 分		
参与态度	积极主动参与工作；与教师、同学之间是否能够保持多向、丰富、适宜的信息交流			10 分		
	处理好合作学习和独立思考的关系，做到有效学习；能提出有意义的问题或能发表个人见解；能按要求正确操作；能够倾听别人意见、协作共享			10 分		
学习方法	学习方法得体，有工作计划；操作技能是否符合规范要求；是否能按要求正确操作；是否获得了进一步学习的能力			10 分		
工作过程	平时上课的出勤情况和每天完成工种任务情况；善于多角度分析问题，能主动发现、提出有价值的问题			15 分		
思维态度	是否能发现问题、提出问题、分析问题、解决问题、创新问题			10 分		
自评反馈	按时按质完成工作任务；较好地掌握专业知识点；具有较强的问题分析能力和理解能力；具有较为全面严谨的思维能力并能条理清楚明晰表达成文			25 分		
个人自评分数						
有益的经验和做法						
总结反馈建议						

表5-3 小组自评打分表

班级		组名		日期	年　月　日
评价指标	评价内容			分数	分数评定
概念理解	能否准确描述： 1. MCD外部通信方式类型 2. 基于软件在环和基于硬件在环虚拟调试 3. 信号映射的作用 4. MCD、PLC输入输出信号关系			10分	
操作实践	是否完成以下工作： 1. 彩球机设备相关PLC逻辑编写：输入输出信号名称是否定义合理、程序结构是否合理 2. MCD通信设置和信号映射：是否选择了合理的通信方式、信号映射是否正确 3. 基于软件在环彩球机的虚拟调试：设备能否按预期运行			10分	
参与态度	积极主动参与工作；与教师、同学之间是否相互尊重、理解、平等；与教师、同学之间是否能够保持多向、丰富、适宜的信息交流			10分	
参与态度	探究式学习、自主学习不流于形式，处理好合作学习和独立思考的关系，做到有效学习；能提出有意义的问题或能发表个人见解；能按要求正确操作；能够倾听别人意见、协作共享			10分	
学习方法	学习方法得体，有工作计划；操作技能是否符合规范要求；是否能按要求正确操作；是否获得了进一步学习的能力			10分	
工作过程	平时上课的出勤情况和每天完成工种任务情况；善于多角度分析问题，能主动发现、提出有价值的问题			15分	
思维态度	是否能发现问题、提出问题、分析问题、解决问题、创新问题			10分	
自评反馈	按时按质完成工作任务；较好地掌握专业知识点；具有较强的问题分析能力和理解能力；具有较为全面严谨的思维能力并能条理清楚明晰表达成文			25分	
小组自评分数					
有益的经验和做法					
总结反馈建议					

表 5－4　教师评价表

班级		组名		姓名	
出勤情况					
评价内容	评价要点	考察要点		分数	分数评定
1. 任务描述、接受任务	口述内容细节	1. 表述仪态自然、吐字清晰		2 分	
		2. 表达思路清晰、层次分明、准确			
2. 任务分析、分组情况	依据引导分析任务分组分工	1. 分析任务关键点准确		3 分	
		2. 涉及概念知识回顾完整，分组分工明确			
3. 制订计划	PLC 逻辑编写	信号定义、程序结构设计、程序编写		5 分	
	通信设置及信号映射	通信方式选择、信号映射、通信测试		5 分	
	虚拟调试	调试操作步骤		5 分	
4. 计划实施	操作前准备	1. 前置场景文件是否准备充分（需要在完成场景六的基础上开展工作）		5 分	
		2. 任务分工表是否填写完整			
		3. 操作步骤是否填写完整			
	操作实践	1. PLC 程序信号定义完整、PLC 程序结构合理、程序逻辑正确		15 分	
		2. 通信方式合理、信号映射正确、信号通信测试无误		15 分	
		3. 通过虚拟调试，能正确控制彩球机运行		20 分	
	现场恢复	1. 软件程序是否退出、电脑主机及显示器是否关机		3 分	
		2. 桌椅、图书、鼠标键盘恢复整理		2 分	
5. 成果检验	操作完成程度	是否完成 PLC 编程编写		5 分	
		能否实现 PLC 及 MCD 信号的映射			
		能否实现预期的运行结果			
6. 总结	任务总结	1. 依据自评分数		2 分	
		2. 依据互评分数		3 分	
		3. 依据个人总结评分报告		10 分	
合　计				100 分	

参考操作

一、PLC 程序编写

虚拟调试在物理机没有生产落地和硬件也没有到位的情况下进行，有硬件 PLC 可以直接组态相对应型号将程序下载进去调试，在没有任何硬件的情况下，通过 PLCSIM Advanced 创建虚拟 PLC（目前不支持 S7 – 1200 系列）。

创建彩球机各反馈信号如图 5 – 6 所示。

图 5 – 6　反馈信号建立

创建彩球机各反馈信号

彩球机 PLC 硬件及变量设置

创建博图项目并添加一个 1500 系列 PLC 如图 5 – 7 所示。

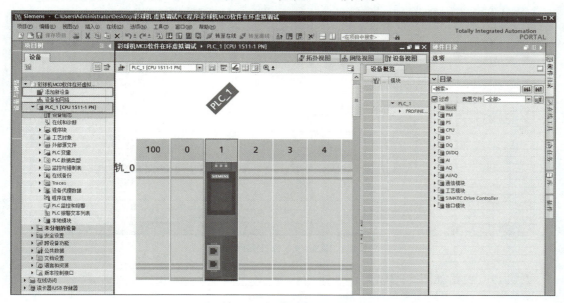

图 5 – 7　添加 1511 – 1PN PLC

创建虚拟 PLC 控制器如图 5 - 8 所示。

修改项目属性支持高级仿真如图 5 - 9 所示。

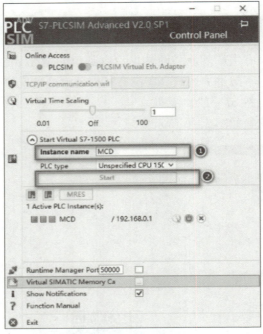

图 5 - 8　虚拟 PLC 控制器

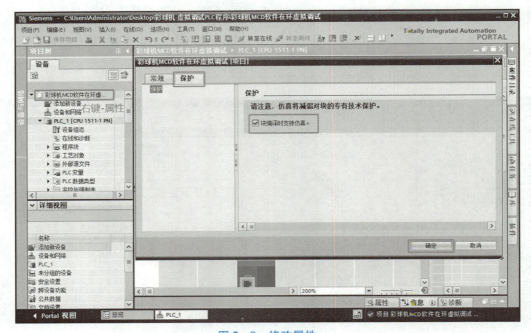

图 5 - 9　修改属性

创建 PLC 变量如图 5 - 10 所示。

创建两个 FB 块如图 5 - 11 所示。

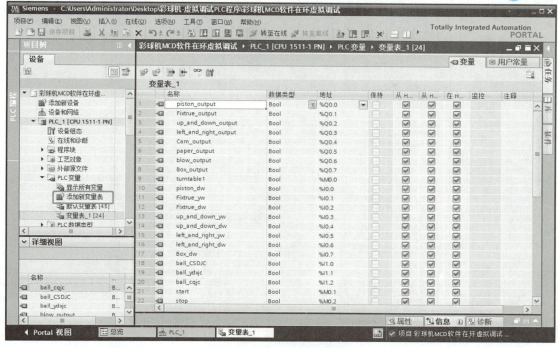

图 5 – 10　创建 PLC 变量

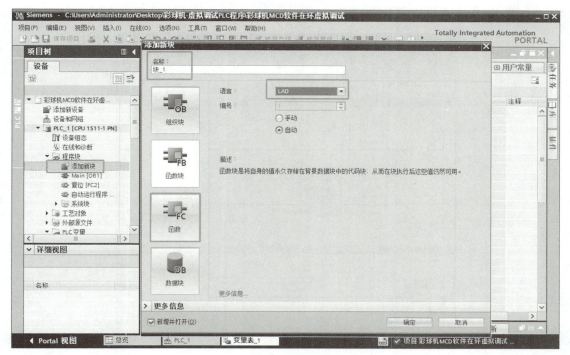

图 5 – 11　添加块

编写自动运行程序如图 5 – 12 ~ 图 5 – 18 所示。

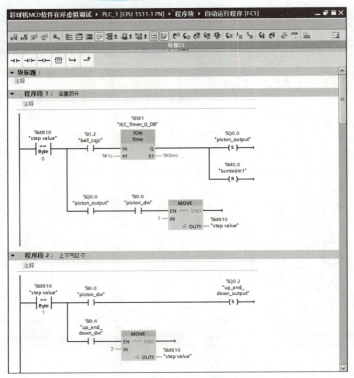

图 5-12　自动运行程序 1

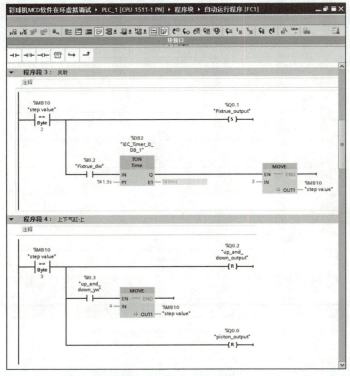

图 5-13　自动运行程序 2

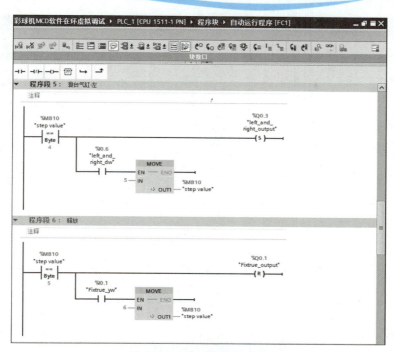

图 5 - 14 自动运行程序 3

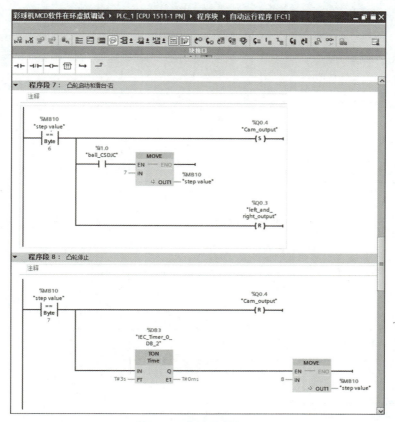

图 5 - 15 自动运行程序 4

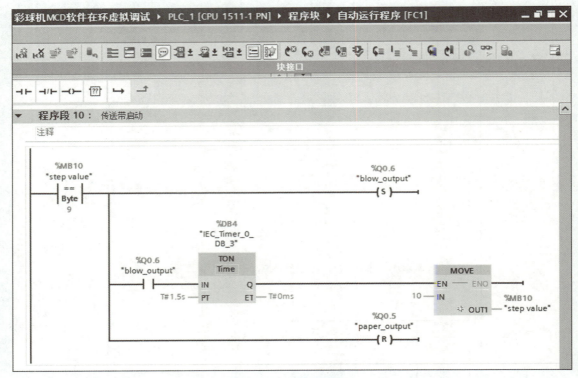

图 5 – 16 自动运行程序 5

图 5 – 17 自动运行程序 6

编写复位程序如图 5 – 19 所示。

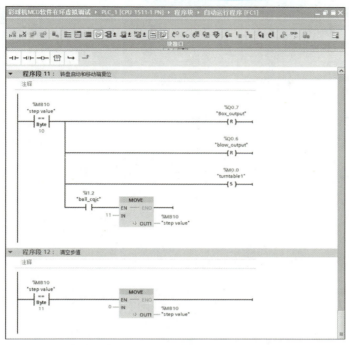

图 5 – 18　自动运行程序 7

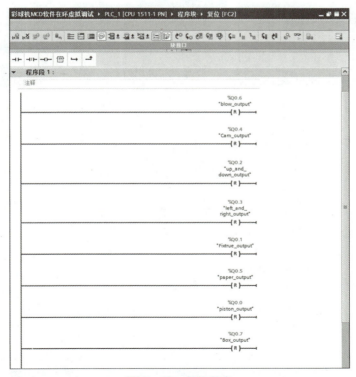

图 5 – 19　复位程序

编写主程序如图 5 – 20 所示。

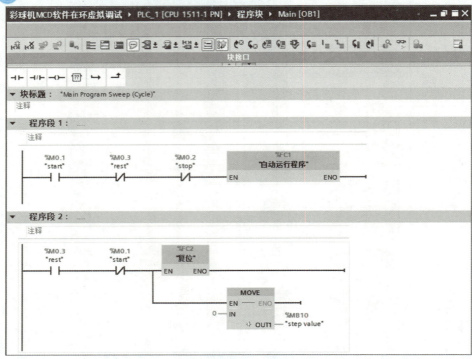

图5-20 主程序

编译下载程序如图5-21所示。

彩球机虚拟
仿真调试设备

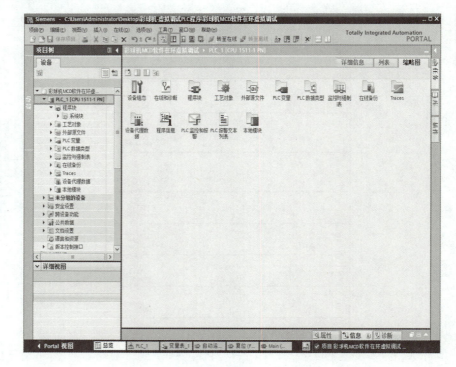

图5-21 编译下载

二、MCD 外部信号配置与信号映射

完成 PLC 程序编写后，需要把 MCD 中的信号与外部信号对接。配置 PLC 中的信号至 MCD 中，如图 5-22 所示。

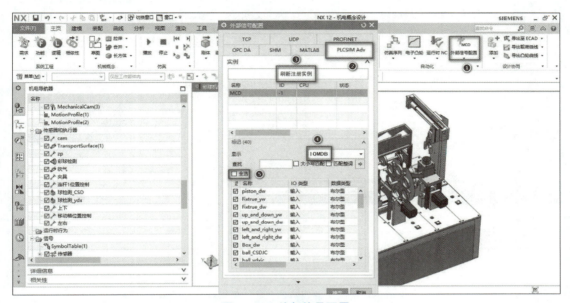

图 5-22　外部信号配置

信号映射如图 5-23 所示。

图 5-23　信号映射

播放仿真并启动程序如图 5-24 所示。

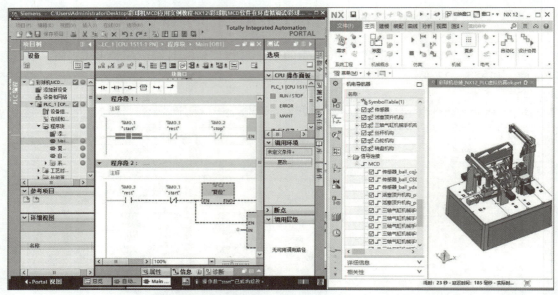

图 5 – 24　程序验证

学习情境六
指尖陀螺学习项目案例

学习情境描述

　　PLC 仿真器可以接收指尖陀螺设备数字模型中的传感器输入信号，并将输入信号进行逻辑运算，通过输出信号操控 MCD 中的执行器，从而控制指尖陀螺设备的运行，实现基于软件在环的虚拟调试。

学习目标

1. 了解指尖陀螺设备的结构组成。
2. 掌握指尖陀螺设备的工作原理。
3. 熟悉指尖陀螺设备各个单元的反馈与控制信号。
4. 领悟指尖陀螺设备 NX – MCD 虚拟调试仿真的方法。

【能力目标】

1. 能够完成指尖陀螺设备 NX – MCD 基本环境的定义。
2. 能够完成指尖陀螺设备 NX – MCD 逻辑信号的定义。
3. 能够完成指尖陀螺设备 NX – MCD 逻辑仿真的定义。

【素质目标】

1. 具备爱专研、懂变通、善于分析、大胆猜想的精神。
2. 养成安全、文明、规范的职业行为。

【思政目标】

1. 具有正确的政治信念、良好的职业道德与不断创新的科学观。
2. 成为具有工匠精神的高素质技术技能人才。
3. 具备合作共赢团队精神，积极向上，奋发图强。

任务书

理解指尖陀螺设备的工作原理，编写指尖陀螺设备的 PLC 控制程序；在 MCD 中设置通信方式，完成 PLC 输入输出信号与 MCD 中传感器信号、执行器控制信号的映射；通过 PLC 仿真器完成指尖陀螺设备的虚拟调试。

 任务分组

学生任务分配表如表 6 – 1 所示。

表 6 – 1　学生任务分配表

班级		组号		指导老师	
组长		学号			
组员	姓名	学号		姓名	学号
任务分工	姓名	负责工作			

 获取资讯（课前自学）

引导问题 1：本任务是实现指尖陀螺设备的软件在环调试，查阅资料了解 MCD 和 PLC 硬件及 PLC 仿真器之间的通信接口有哪些，并说明各自应用特点。

_____

_____

_____

_____

工作计划（课中实训）

引导问题2：本任务的内容都包含哪些？制作各部分的计划表。

内容 ＼ 进度	PLC 逻辑编写	通信设置及信号映射	虚拟调试
	计划完成时间/min	计划完成时间/min	计划完成时间/min

引导问题3：本任务涉及哪些输入输出信号？写出 MCD 中传感器和执行下信号与 PLC 输入输出信号的对应关系，包括信号名称、信号类型、数据类型和信号地址。

MCD 信号名称	PLC 信号名称	信号类型	数据类型	PLC 地址

引导问题4：本任务 PLC 控制程序可以分为几部分？写出各控制程序之间的调用关系。

_____

_____

_____

_____

进行决策（课中实训）

引导问题 5：分组讨论，PLC 仿真器和 MCD 数字模型通信方式应该如何选择？

_____

_____

_____

引导问题 6：分组讨论，MCD 中的输入输出信号与 PLC 输入输出信号的对应关系如何？

MCD 信号名称	PLC 信号名称	信号类型	数据类型	PLC 地址

工作实施（课中实训）

引导问题 7：操作实施步骤如何？各阶段时间分配情况如何？在实施过程中遇到哪些问题？如何解决？

实施步骤	预计时间	是否超时	问题	解决方法

课后思考与练习

理论题

1. 利用＿＿＿＿＿＿＿＿在特定的时间间隔创建多个外表、属性相同的对象。

2. 当对象源生成的对象与＿＿＿＿＿＿＿＿＿＿＿发生碰撞时，消除这个对象。

3. 球副具有＿＿＿＿＿＿旋转自由度。

4. 碰撞事件可以用来＿＿＿＿＿＿或者＿＿＿＿＿＿＿＿"操作"或者"执行机构"。

5. ＿＿＿＿＿＿＿＿＿＿驱动运动副的轴以一预设的恒定速度运动到一预设的位置，并且限制运动副的＿＿＿＿＿＿＿＿＿＿。

操作题

1. 在 TIA 博图软件上编写控制程序。

2. 在文件指尖陀螺总装_NX12_PLC 虚拟仿真操作题模型 . prt 上完成在 MCD 中设置通信方式，完成 PLC 输入输出信号与 MCD 中传感器信号、执行器控制信号的映射；通过 PLC 仿真器完成指尖陀螺设备的虚拟调试。

评价反馈

个人自评打分表、小组自评打分表、教师评价表如表 6-2 ~ 表 6-4 所示。

表 6-2　个人自评打分表

班级		组名		日期	年　　月　　日
评价指标	评价内容			分数	分数评定
信息检索	能有效利用网络、图书资源、工作手册查找有用的相关信息等；能用自己的语言有条理地去解释、表述所学知识；能将查到的信息有效地传递到工作中			10 分	
感知工作	是否熟悉工作岗位、认同工作价值；在工作中是否能获得满足感			10 分	
参与态度	积极主动参与工作，能吃苦耐劳，崇尚劳动光荣，技能宝贵；与教师、同学之间是否相互尊重、理解、平等；与教师、同学之间是否能够保持多向、丰富、适宜的信息交流			10 分	
	探究式学习、自主学习不流于形式，处理好合作学习和独立思考的关系，做到有效学习；能提出有意义的问题或能发表个人见解；能按要求正确操作；能够倾听别人意见、协作共享			10 分	
学习方法	学习方法得体，有工作计划；操作技能是否符合规范要求；是否能按要求正确操作；是否获得了进一步学习的能力			10 分	
工作过程	遵守管理规程，操作过程符合现场管理要求；平时上课的出勤情况和每天完成工种任务情况；善于多角度分析问题，能主动发现、提出有价值的问题			15 分	
思维态度	是否能发现问题、提出问题、分析问题、解决问题、创新问题			10 分	
自评反馈	按时按质完成工作任务；较好地掌握专业知识点；具有较强的信息分析能力和理解能力；具有较为全面严谨的思维能力并能条理清楚明晰表达成文			25 分	
个人自评分数					
有益的经验和做法					
总结反馈建议					

表6-3 小组自评打分表

班级		组名		日期	年　月　日
评价指标	评价内容			分数	分数评定
信息检索	能有效利用网络、图书资源、工作手册查找有用的相关信息等；能用自己的语言有条理地去解释、表述所学知识；能将查到的信息有效地传递到工作中			10分	
感知工作	是否熟悉工作岗位、认同工作价值；在工作中是否能获得满足感			10分	
参与态度	积极主动参与工作，能吃苦耐劳，崇尚劳动光荣，技能宝贵；与教师、同学之间是否相互尊重、理解、平等；与教师、同学之间是否能够保持多向、丰富、适宜的信息交流			10分	
	探究式学习、自主学习不流于形式，处理好合作学习和独立思考的关系，做到有效学习；能提出有意义的问题或能发表个人见解；能按要求正确操作；能够倾听别人意见、协作共享			10分	
学习方法	学习方法得体，有工作计划；操作技能是否符合规范要求；是否能按要求正确操作；是否获得了进一步学习的能力			10分	
工作过程	遵守管理规程，操作过程符合现场管理要求；平时上课的出勤情况和每天完成工种任务情况；善于多角度分析问题，能主动发现、提出有价值的问题			15分	
思维态度	是否能发现问题、提出问题、分析问题、解决问题、创新问题			10分	
自评反馈	按时按质完成工作任务；较好地掌握专业知识点；具有较强的信息分析能力和理解能力；具有较为全面严谨的思维能力并能条理清楚明晰表达成文			25分	
小组自评分数					
有益的经验和做法					
总结反馈建议					

表 6-4 教师评价表

班级		组名		姓名	
出勤情况					
评价内容	评价要点	考察要点		分数	分数评定
1. 任务描述、接受任务	口述内容细节	1. 表述仪态自然、吐字清晰		2 分	
		2. 表达思路清晰、层次分明、准确			
2. 任务分析、分组情况	依据引导分析任务分组分工	1. 分析任务关键点准确		3 分	
		2. 涉及概念知识回顾完整，分组分工明确			
3. 制订计划	PLC 逻辑编写	信号定义、程序结构设计、程序编写		5 分	
	通信设置及信号映射	通信方式选择、信号映射、通信测试		5 分	
	虚拟调试	调试操作步骤		5 分	
4. 计划实施	操作前准备	1. 前置场景文件是否准备充分（需要在完成场景六的基础上开展工作）		5 分	
		2. 任务分工表是否填写完整			
		3. 操作步骤是否填写完整			
	操作实践	1. PLC 程序信号定义完整、PLC 程序结构合理、程序逻辑正确		15 分	
		2. 通信方式合理、信号映射正确、信号通信测试无误		15 分	
		3. 通过虚拟调试，能正确控制彩球机运行		20 分	
	现场恢复	1. 软件程序是否退出、电脑主机及显示器是否关机		3 分	
		2. 桌椅、图书、鼠标键盘恢复整理		2 分	
5. 成果检验	操作完成程度	是否完成 PLC 程序编写		5 分	
		能否实现 PLC 及 MCD 信号的映射			
		能否实现预期的运行结果			
6. 总结	任务总结	1. 依据自评分数		2 分	
		2. 依据互评分数		3 分	
		3. 依据个人总结评分报告		10 分	
合　计				100 分	

一、MCD单元构建

1. 设备结构单元及工作原理

（1）结构单元（A、B、C）组成

指尖陀螺装配设备由A-座上料单元、B-冲压加工单元、C-轴承上料单元组成，如图6-1所示。

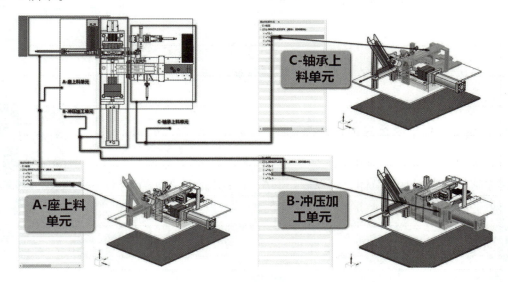

图6-1　结构单元组成

（2）设备工作原理

该设备工作原理为：

总：

A单元与C单元同时上料到B单元中，然后B单元对上好的料进行冲压加工。

分：

A单元：传感器检测到下方有座物料，并且B单元加工位无物料，A单元推料气缸在待机状态下，以上情况满足时A单元推料气缸推出物料，否则处于缩回的状态。

C单元：类似A单元的情况，C单元工作动作为，产生轴承物料——传送带传送到末端，推料气缸推料到末端——两个磁铁吸盘下来吸住物料——送到加工单元并退回原位。

B单元：当C单元送料到位之后，启动夹料气缸装料——等待C单元退回原位之后，启动冲压气缸冲压——延时一会冲压气缸复位——顶料气缸退回——挡料气缸缩回——物料下掉——挡料与顶料气缸复位。

设备工作原理如图6-2所示。

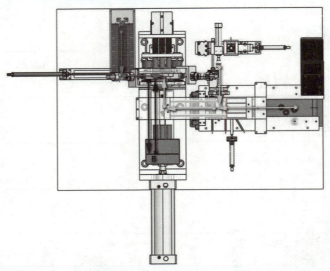

图 6 – 2　设备工作原理

2. A 单元 – 座上料单元仿真建立

（1）A 单元 – MCD 基础环境建立

建立物料的刚体、碰撞体、对象源。其中对象源选择"每次激活时一次"，如图 6 – 3 所示。

指尖陀螺设备 –
A 单元

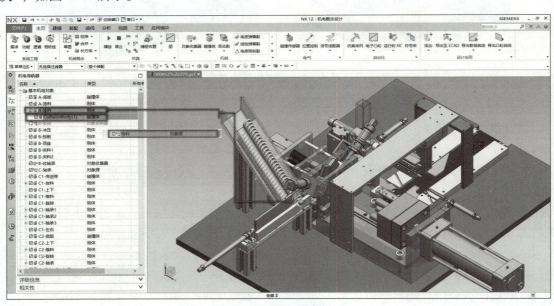

图 6 – 3　选择对象源

建立推料气缸的刚体、固定副、滑动副、位置控制。其中固定副中的连接件为推料气缸的刚体，如图 6 – 4 所示。

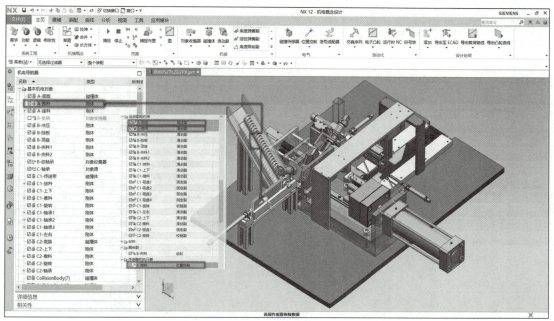

图6-4　建立推料气缸的刚体

建立物料底板的碰撞体，如图6-5所示。

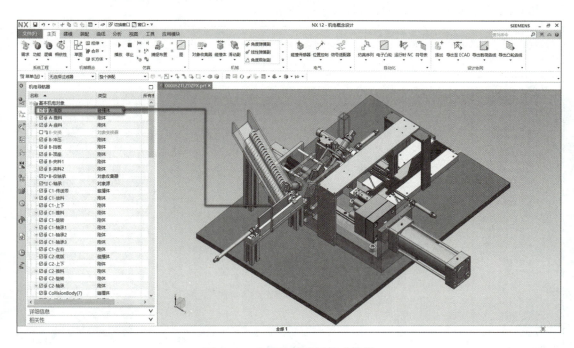

图6-5　建立物料底板的碰撞体

建立座有料检测传感器，如图6-6所示。

图6-6　建立座有料检测传感器

（2）A 单元 – MCD 逻辑信号建立

建立检测与气缸的反馈信号，如图6-7所示。

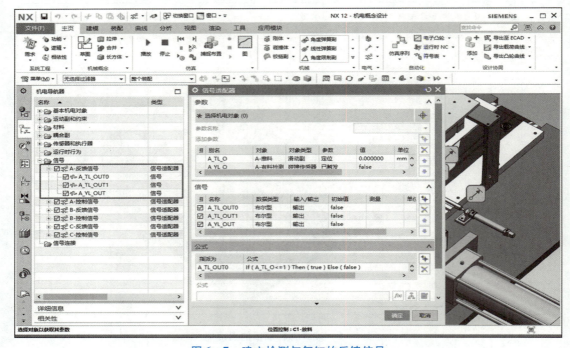

图6-7　建立检测与气缸的反馈信号

建立气缸的控制信号，如图6-8所示。

图 6－8　建立气缸的控制信号

（3）A 单元－MCD 逻辑仿真建立

建立 A 单元基于信号的逻辑仿真序列，如图 6－9 所示。

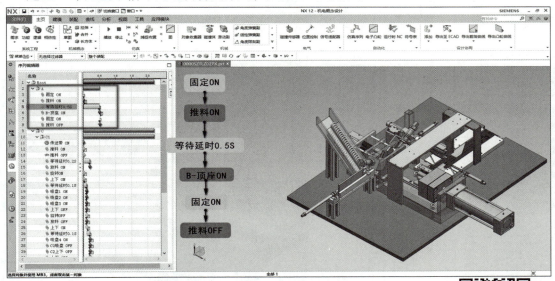

图 6－9　建立 A 单元基于信号的逻辑仿真序列

3. C 单元－轴承上料单元仿真建立

（1）C 单元－MCD 基础环境建立

建立 C 单元轴承的刚体、碰撞体、对象源。其中对象源为这几个

**指尖陀螺设备－
C 单元机电基础建立**

轴承的刚体，为了同时产生四个物料，如图6-10所示。

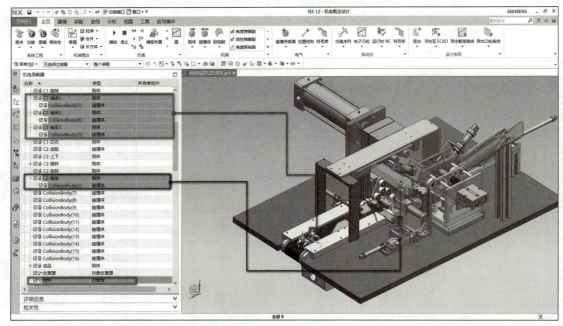

图 6-10　建立 C 单元轴承的刚体、碰撞体、对象源

建立 C 单元传送带的碰撞体与传输面，如图 6-11 所示。

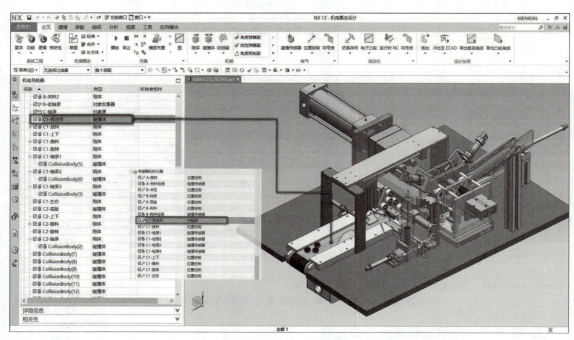

图 6-11　建立 C 单元传送带的碰撞体与传输面

建立 C 单元传送带上的 4 个传感器，如图 6-12 所示。

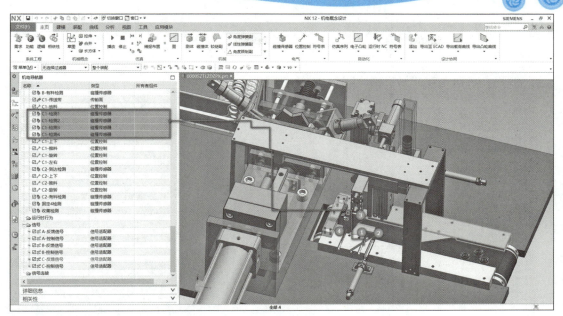

图 6 - 12　建立 C 单元传送带上的 4 个传感器

建立 C 单元传送带上的物料拦截碰撞体。其中 1 ~ 8 与 10 皆是方块碰撞类型，9 为选择网格面碰撞类型；其中 1 ~ 5 与 8 碰撞类别为 1，6、7 碰撞类别为 2，9 碰撞类别为 3，10 的碰撞类别为 4；碰撞形状与碰撞类别可以自己定义，不一定以这里的为准，其目的是拦住轴承的同时碰撞体之间无干涉碰撞，如图 6 - 13 所示。

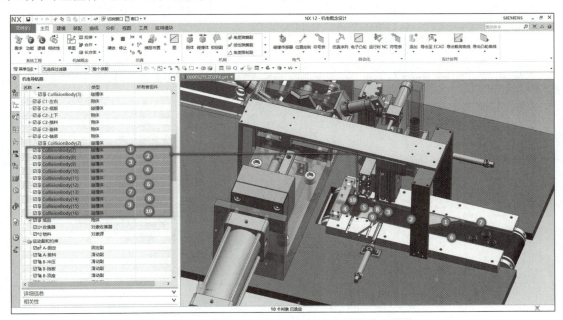

图 6 - 13　建立 C 单元传送带上的物料拦截碰撞体

建立 C 单元传送带上的两个气缸的刚体碰撞体以及滑动副、位置控制。其中"推料"碰撞形状为方块，碰撞类别为 5；"放料"碰撞形状为网格面，碰撞类别为 5，如图 6 - 14 所示。

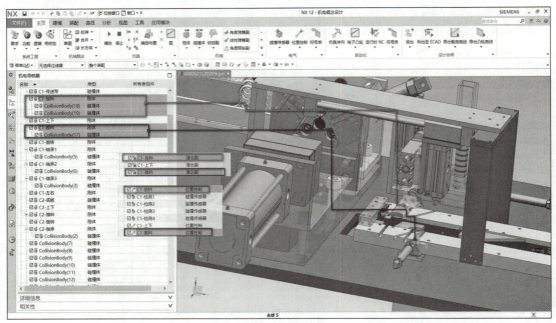

图 6 – 14　建立 C 单元传送带上的两个气缸的刚体碰撞体

同理，建立 C 单元搬运送料的三个气缸的刚体和滑动副、位置控制，如图 6 – 15 所示。

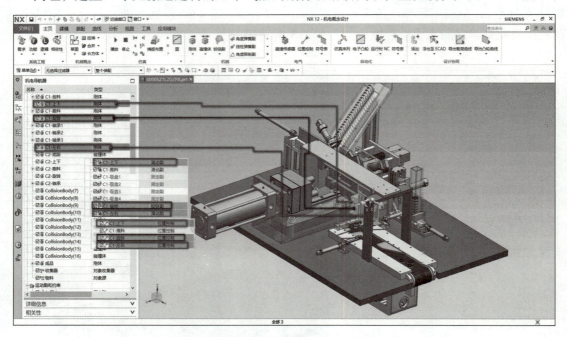

图 6 – 15　建立 C 单元搬运送料的三个气缸的刚体以及滑动副、位置控制

同理，建立 C 单元料筒上料的底板碰撞体。其中碰撞体类别分别为长方体，如图 6 – 16 所示。

194

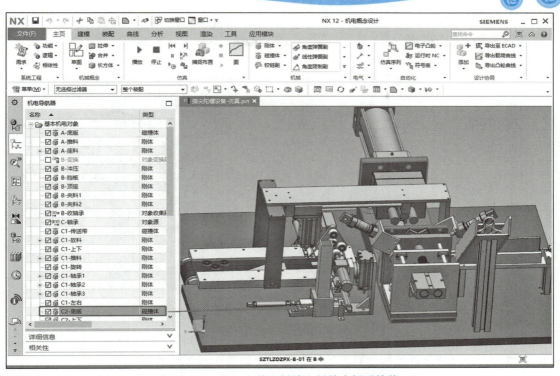

图 6 – 16　建立 C 单元料筒上料的底板碰撞体

同理，建立 C 单元料筒推料与吸料的三个气缸的刚体、碰撞体以及滑动副、位置控制，如图 6 – 17 所示。

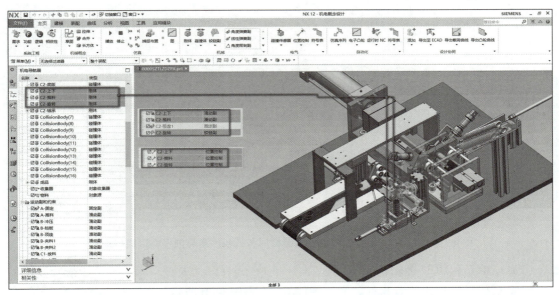

图 6 – 17　建立 C 单元料筒推料与吸料的三个气缸的刚体、碰撞体以及滑动副、位置控制

同理，建立 C 单元磁吸对应的固定副。其中基本件选择为对应刚体的磁吸，连接件选择空，如图 6 – 18 所示。

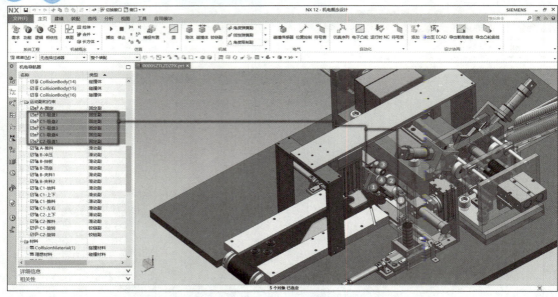

图 6 - 18　建立 C 单元磁吸对应的固定副

同理，建立 C 单元磁吸的传感器检测和料筒有料与推出料口有料检测。其中料筒吸盘吸取物料的一个判断条件是推出料口检测到有料，如图 6 - 19 所示。

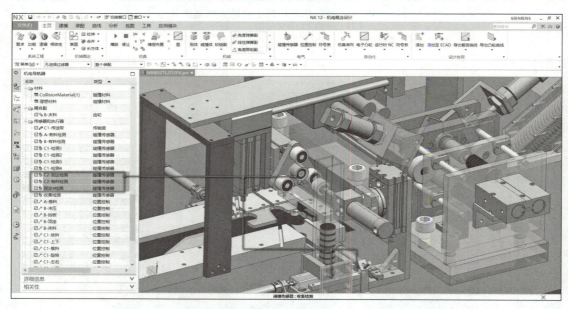

图 6 - 19　建立 C 单元磁吸的传感器检测和有料检测与推出料口有料检测

（2）C 单元 - MCD 逻辑信号建立

建立 C 传送带这边检测与气缸的反馈信号，如图 6 - 20 所示。

指尖陀螺设备 -
C 单元逻辑序列建立

196

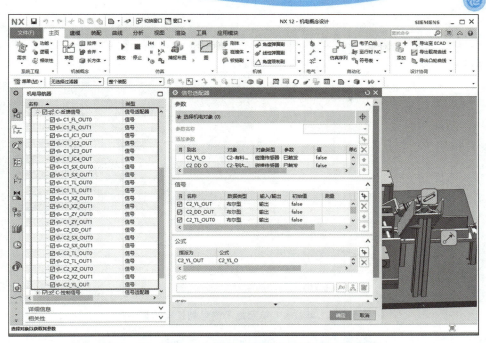

图 6 – 20　建立 C 传送带这边检测与气缸的反馈信号

建立 C 传送带这边传输面与气缸的控制信号，如图 6 – 21 所示。

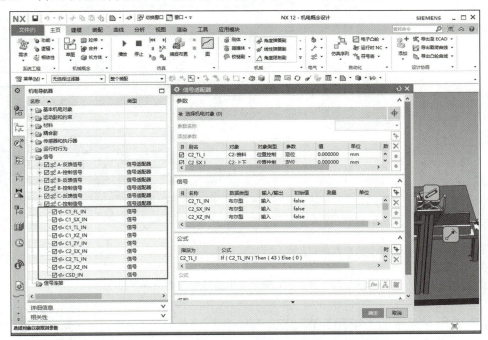

图 6 – 21　建立 C 传送带这边传输面与气缸的控制信号

（3）C 单元 – MCD 逻辑仿真建立

建立 C1 单元基于信号的逻辑仿真序列，如图 6 – 22 所示。

197

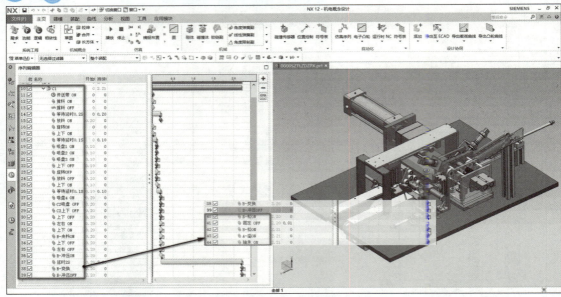

图 6 - 22　建立 C1 单元基于信号的逻辑仿真序列

建立 C2 单元基于信号的逻辑仿真序列，如图 6 - 23 所示。

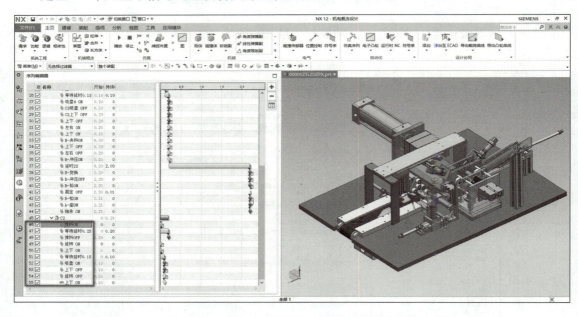

图 6 - 23　建立 C2 单元基于信号的逻辑仿真序列

4. B 单元 - 冲压加工单元仿真建立

（1）B 单元 - MCD 基础环境建立

建立 B 单元冲压、顶座、挡板三个气缸的刚体以及滑动副、位置控制，如图 6 - 24 所示。

6 - 4《指尖陀螺设备 - B 单元与总控》

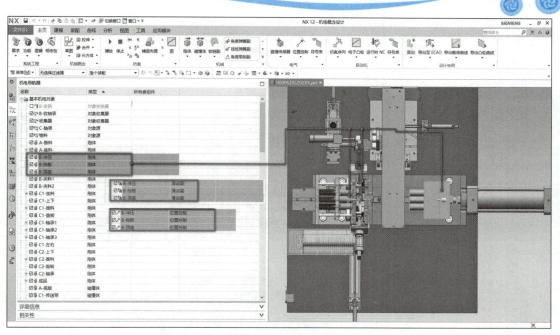

图 6 – 24　建立 B 单元冲压、顶座、挡板三个气缸的刚体以及滑动副、位置控制

同理，建立 B 单元气爪机构两个气缸刚体、滑动副、齿轮副以及位置控制。其中夹料气缸 1 为主动力，如图 6 – 25 所示。

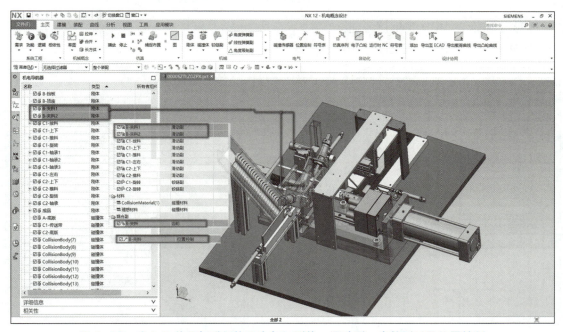

图 6 – 25　建立 B 单元气爪机构两个气缸刚体、滑动副、齿轮副以及位置控制

同理，建立 B 单元原料变成成品的对象变换器，以及收集一些没有变换的物料的对象收集器，如图 6 – 26 所示。

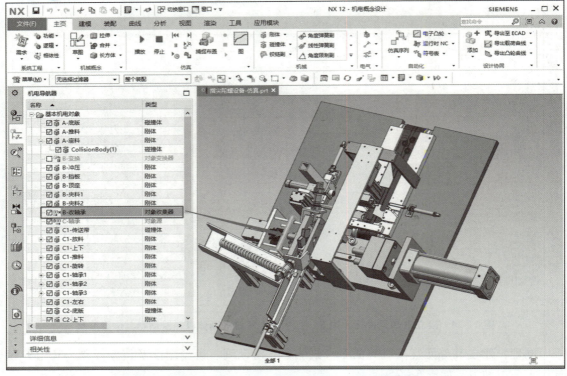

图 6 – 26　建立 B 单元原料变成成品的对象变换器

（2）B 单元 – MCD 逻辑信号建立

建立 B 单元检测与气缸的反馈信号，如图 6 – 27 所示。

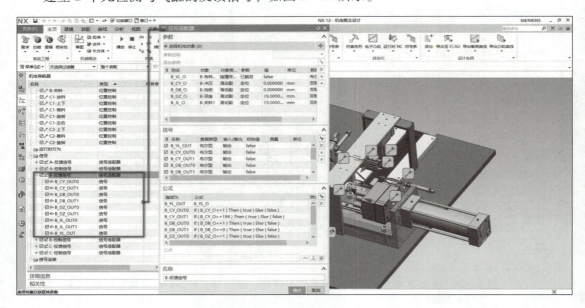

图 6 – 27　建立 B 单元检测与气缸的反馈信号

建立 B 单元检测与气缸的控制信号，如图 6 – 28 所示。

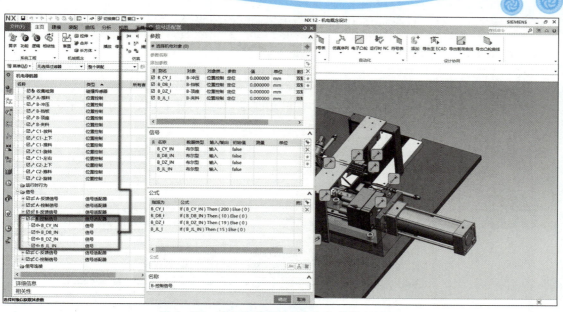

图 6－28　建立 B 单元检测与气缸的控制信号

（3）B 单元－MCD 逻辑仿真建立

建立 B 单元基于信号的逻辑仿真序列（嵌入在 A 与 C 单元中），如图 6－29 所示。

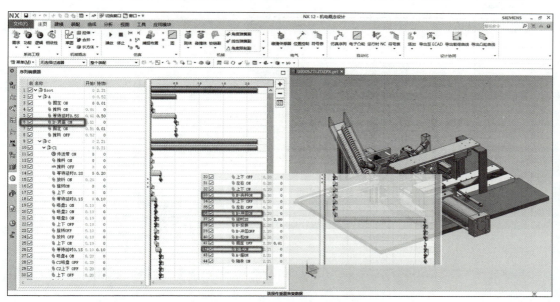

图 6－29　建立 B 单元基于信号的逻辑仿真序列

二、虚拟调试

虚拟调试在物理机没有生产落地和硬件也没有到位的情况下进行，有硬件 PLC 可以直接组态相对应型号将程序下载进去调试，在没有任何硬件的条件下，PLC 仿真器采用的是 PLCSIM Advanced 代替 PLC 硬件，而 PLCSIM Advanced 由于只能仿真 1500 与 ET200 的 PLC，因此此案例中组态时我们选择1500PLC作为虚拟调试的控制器。

1. 虚拟PLC程序编写

指尖陀螺设备的MCD基本环境与逻辑信号适配器按要求建立好。

TIA博途软件PLC编程操作如下，为各单元创建FC块，在FC块内编写程序。

（1）A单元程序编写如图6-30所示。

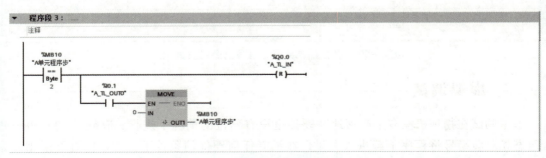

图6-30　A单元程序编写

（2）C1 单元程序编写如图 6-31 所示。

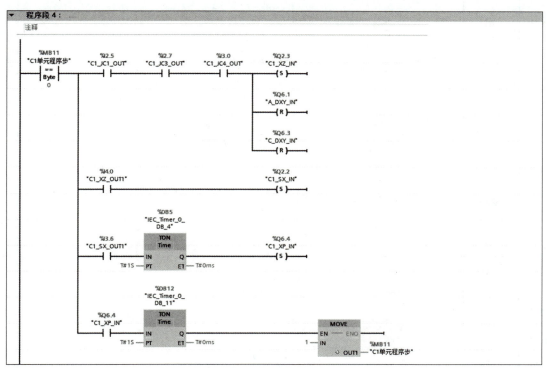

图 6-31　C1 单元程序编写

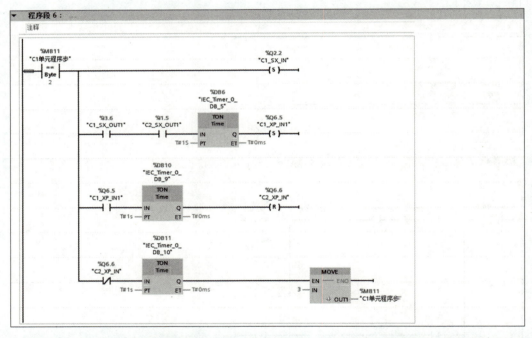

图 6-31　C1 单元程序编写（续）

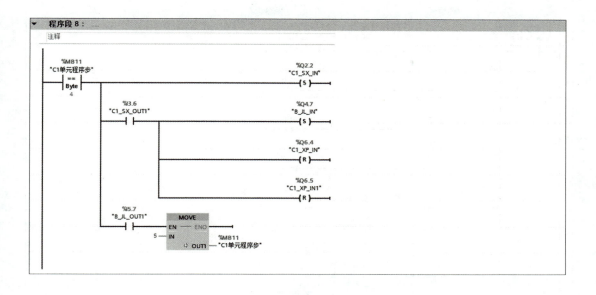

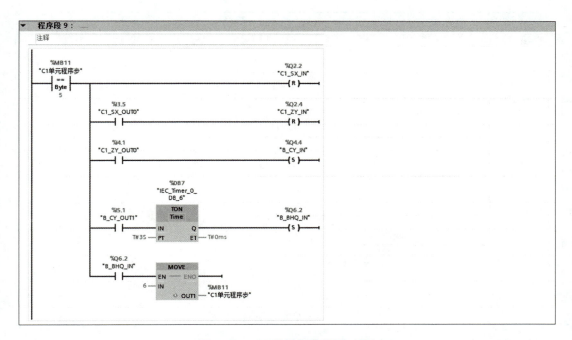

图 6 - 31　C1 单元程序编写（续）

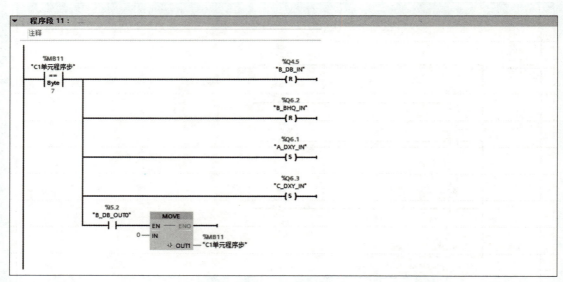

图 6–31　C1 单元程序编写（续）

（3）C2 单元程序编写如图 6–32 所示。

▼　程序段 1：___

注释

```
%MB13              %I1.0         %I1.2         %I1.1         %Q0.5
"C2单元程序步1"    "C2_YL_OUT"  "C2_TL_OUT0"  "C2_DD_OUT"   "C2_TL_IN"
   ==                │             │             │            ( S )
  Byte             ──┤ ├─────────┤ ├─────────┤ ├─
   0
                                                    %DB8
                                                 "IEC_Timer_0_
                                                    DB_7"
                   %I1.3         %I1.1           TON                           MOVE
                 "C2_TL_OUT1"  "C2_DD_OUT"       Time                          EN ── ENO
                 ──┤ ├─────────┤ ├─            IN     Q                    1 ─ IN
                                        T#0.4S ─ PT    ET ─ T#0ms            %MB13
                                                                     ── OUT1 "C2单元程序步1"
```

▼　程序段 2：___

注释

```
%MB13                                          %Q0.5
"C2单元程序步1"                               "C2_TL_IN"
   ==                                           ( R )
  Byte
   1               %I1.2
                 "C2_TL_OUT0"       MOVE
                 ──┤ ├─           EN ── ENO
                            0 ─ IN
                                         %MB13
                                  ── OUT1 "C2单元程序步1"
```

▼　程序段 3：___

注释

```
%MB12              %I1.1         %I1.6                         %Q0.7
"C2单元程序步"    "C2_DD_OUT"  "C2_XZ_OUT0"                  "C2_XZ_IN"
   ==                │             │                           ( S )
  Byte             ──┤ ├─────────┤ ├─
   0
                   %I1.7                                       %Q0.6
                 "C2_XZ_OUT1"                                "C2_SX_IN"
                 ──┤ ├─                                        ( S )

                                     %DB9
                                  "IEC_Timer_0_
                                     DB_8"
                   %I1.5            TON                        %Q6.6
                 "C2_SX_OUT1"      Time                      "C2_XP_IN"
                 ──┤ ├─           IN     Q                     ( S )
                          T#0.4S ─ PT    ET ─ T#0ms

                   %Q6.6
                 "C2_XP_IN"          MOVE
                 ──┤ ├─           EN ── ENO
                            1 ─ IN
                                         %MB12
                                  ── OUT1 "C2单元程序步"
```

图 6－32　C2 单元程序编写

程序段 4： .....

注释

```
        %MB12                                                        %Q0.6
    "C2单元程序步"                                                  "C2_SX_IN"
        ==                                                            (R)
        Byte
         1
                    %I1.4                                             %Q0.7
                "C2_SX_OUT0"                                        "C2_XZ_IN"
                    ─┤├─                                              (R)

                    %I1.6
                "C2_XZ_OUT0"              ┌─────MOVE─────┐
                    ─┤├─                  EN ──── ENO
                                      2 ─ IN
                                                    ※ OUT1    %MB12
                                                            "C2单元程序步"
```

程序段 5： .....

注释

```
        %MB12                                                        %Q0.6
    "C2单元程序步"                                                  "C2_SX_IN"
        ==                                                            (S)
        Byte
         2          %I1.5
                "C2_SX_OUT1"             ┌─────MOVE─────┐
                    ─┤├─                  EN ──── ENO
                                      3 ─ IN
                                                    ※ OUT1    %MB12
                                                            "C2单元程序步"
```

程序段 6： .....

注释

```
        %MB12              %MB11                                    %Q0.6
    "C2单元程序步"       "C1单元程序步"                            "C2_SX_IN"
        ==                  ==                                        (R)
        Byte                Byte
         3                   3


                    %I1.4
                "C2_SX_OUT0"             ┌─────MOVE─────┐
                    ─┤├─                  EN ──── ENO
                 ┌──────────0──┐ ─ IN
                 └─────────────┘
                                                    ※ OUT1    %MB12
                                                            "C2单元程序步"
```

图 6–32   C2 单元程序编写（续）

208

2. 虚拟调试

1）启动 PLC 仿真器——创建项目名称（如 test1）——启动项目名称的 PLC，如图 6－33 所示。

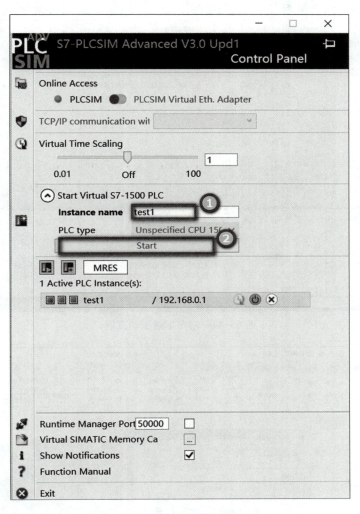

图 6－33　PLC 仿真器

2）下载 PLC 程序到 PLC 仿真器，如图 6－34 所示。

3）MCD 信号配置，先外部信号配置，后信号映射，如图 6－35 与图 6－36 所示。

209

图 6 – 34　程序下载到仿真器

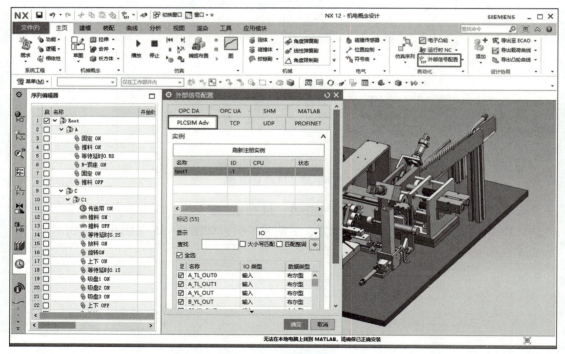

图 6 – 35　外部信号配置

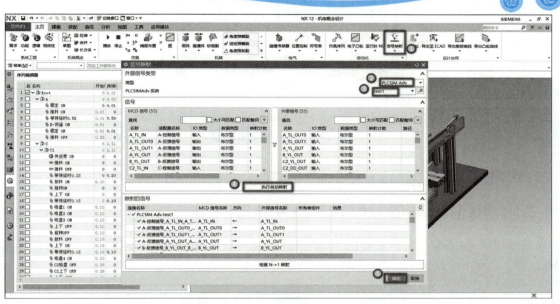

图 6-36　信号映射

4）切换 PLC 到 RUN 模式，启动 MCD 仿真，如图 6-37 与图 6-38 所示。

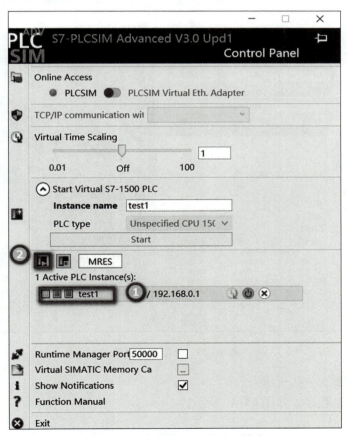

图 6-37　切换 PLC 到 RUN 模式

图 6-38　启动 MCD 仿真

5）查看 MCD 运行情况来调整优化 PLC 程序。

三、MCD 外部信号配置与信号映射

完成 PLC 程序编写后，需要把 MCD 中的信号与外部信号对接。配置 PLC 中的信号至MCD 中，如图 6-39 所示。

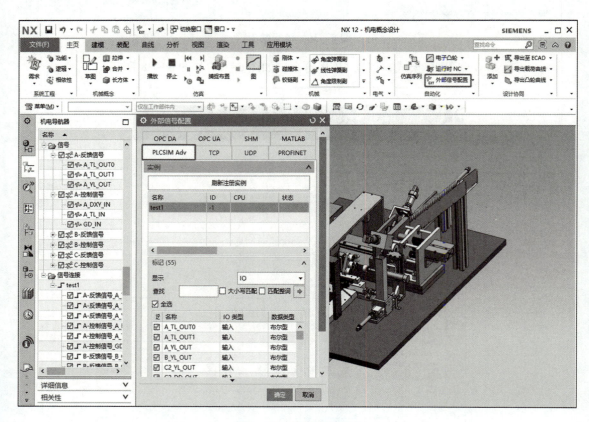

图 6-39　外部信号配置

信号映射，如图 6-40 所示。

播放仿真并启动程序，如图 6-41 所示。

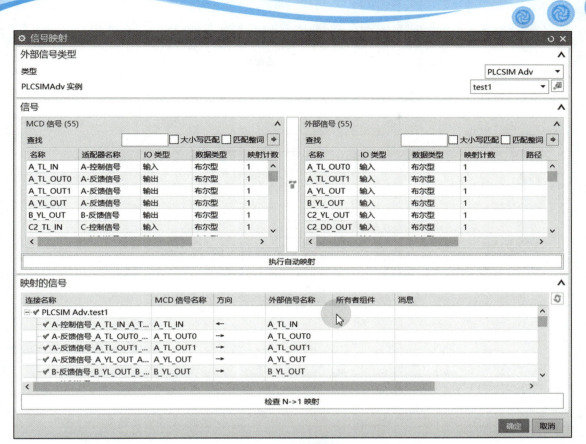

图 6 – 40　信号映射

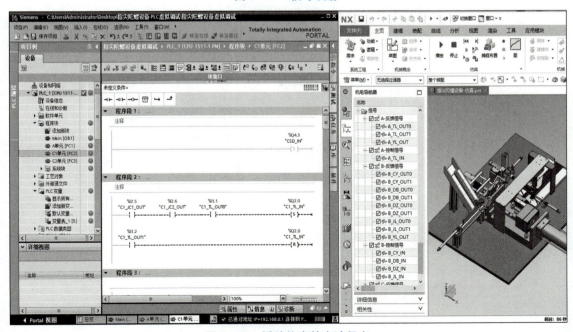

图 6 – 41　播放仿真并启动程序